The Basic of

YASAI

蔬菜

[日] EI出版社编辑部 编著
方宓 译

华中科技大学出版社
http://www.hustp.com
中国·武汉

有书至美
BOOK & BEAUTY

目录

四时蔬菜的百科知识凝练于此

062 蔬菜图鉴

将植物的力量注入我们的日常生活

172 香草&菌类图鉴

190 蔬菜美味期日历

哪些蔬菜最新资讯必须掌握？

蔬菜受今人
关注的原因

原因

1

史无前例的沙拉潮来袭

原因

2

聚焦蔬菜中的酶

PART 1 蔬菜受今人关注的原因

沙拉潮 / 酶
传统蔬菜 / 家庭菜园

　　自古以来, 蔬菜都是人类重要的食物之一。而今, 随着蔬菜价值的发掘, 越来越多的人开始关注蔬菜。这里将向各位介绍蔬菜备受关注的四大原因, 掌握了这些资讯, 便可对蔬菜的流行趋势一目了然。

原因

3

传统蔬菜妙趣多

原因

4

家庭菜园受热捧

LET'S EAT VEGETABLE SALADS!
史无前例的
沙拉潮来袭

当今时代，越来越多的人开始关注健康、美味的沙拉。
让我们翻新沙拉的花样，
享用更加美味的蔬菜！

沙拉花样翻新
丰富日常餐桌

沙拉已经成为我们今天的餐桌上不可或缺的一道料理。通过拆解沙拉（salad）一词可以获知其词源："sal"来自拉丁语，意为"盐"。而有"加盐"之意的"salare"也可认为是该词的来源。早在古希腊和罗马时代，人们便已习惯在黄瓜、南瓜等蔬菜中调入盐后食用。据说当时的人们认为这种食材具有调节肠功能的"药效"。

江户时代以前的日本人不习惯生食蔬菜，而会将蔬菜腌制、凉拌，或煮或烩加以食用。进入明治时代之后，日本因与欧美各国建立外交，而开始向外国人提供沙拉，并且种植甘蓝菜以供给外国人。因受限于卫生方面的问题，直到20世纪70年代后半期，沙拉才被端上大部分家庭的餐桌。

近年来，人们对健康的诉求日盛，大量摄入低热量、低脂肪，高维生素、高矿物质的蔬菜逐渐成为主流意识。沙拉因具有排毒、调理肠道、美肤等功效而被列入减肥食谱，受欢迎程度逐年攀升。"沙拉"二字却不尽然是蔬菜餐的代名词。如今，以鸡肉、鱼贝类、鸡蛋等为主要食材的沙拉，以及焯水、烹煮、烤制的沙拉，也在不断刷新着沙拉食谱。

沙拉的做法推陈出新，既丰富了人们的餐桌，也使我们在大量享用蔬菜的美味同时，获得健康的体质。

七大功效 助力身体保健

＼ 功效 ／
01
美肤
易于摄取美肤利器维生素C及多酚。与抗氧化作用、加强新陈代谢的蔬菜搭配食用效果更佳。

＼ 功效 ／
02
排毒
蔬菜中的钾具有利尿作用，可将多余盐分排出体外。多食可加强肝脏解毒功能的苦味蔬菜，可疏通血管。

＼ 功效 ／
03
调理肠道
富含食物纤维的芋类、豆类可消解便秘、消除肚胀。充分咀嚼还有助于消化。

＼ 功效 ／
04
恢复疲劳
当身体感觉疲劳时，选择清爽利口、刺激味蕾的食材制作沙拉，以促进食欲、增加营养。

＼ 功效 ／
05
预防体寒
体寒乃万病之源。根茎蔬菜可温暖身体，芳香蔬菜有助发汗，促进血液循环，使身体摆脱寒症。

＼ 功效 ／
06
减肥
持续、充分补充身体必需的钙等营养素，达到减肥的效果。通过有效利用沙拉，可以科学、健康地燃烧脂肪。

＼ 功效 ／
07
消除压力
色彩鲜艳的黄绿色蔬菜及香草可使心情愉悦、身体放松。无论是烹调过程还是食用过程，都可使内心感受平静。

制作美味沙拉的基本

料理越简单, 越能享受食材本身的味道, 因此更要认真对待基本操作。
在掌握六大要点的基础之上, 通过烹调方式、调味料的应用,
变换出各种花样, 如此定能享受到前所未有的美味沙拉。

\ 要点 /
02

\ 要点 /
01

\ 要点 /
03

选用新鲜蔬菜

无论花样如何翻新, 沙拉的主角都
是蔬菜。蔬菜的新鲜度, 是沙拉美
味指数的决定性因素。因此, 尽量
选用新鲜的时令蔬菜, 才能充分享
受蔬菜清爽的口感, 以及脆嫩菜叶
的风味。

用水浸泡, 保持口感

为避免叶菜失去丰富口感, 而成为
一盘沙拉中的败笔, 建议使用前在
冷水中浸泡片刻, 使菜叶保持水
嫩、丰润的状态。但浸泡时间过长
也会导致水溶性维生素流失, 因此
以在冷水中迅速漂一下为宜。

彻底控干水分

在为沙拉调味时, 控干水分非常关
键。蔬菜水分太多会冲淡味道, 还
会稀释沙拉汁。为免于此, 叶菜洗
净之后应彻底控干水分。不妨使用
蔬菜脱水机, 利用离心力控干蔬菜
中的水分。

沙拉调味必备三件套

橄榄油
Olive Oil

橄榄油是调配沙拉酱的基础佐料,它不但可以锁住蔬菜中的水分,还能激发出食材丰富的口味。推荐使用以香味清新著称的特级初榨橄榄油。

盐
Salt

盐的作用是析出蔬菜中的水分并加以调味,因此对沙拉的味道起着重要作用。除了自然盐,建议多备几种盐,以丰富料理的味道。

醋
Vinegar

醋不仅可以为沙拉提味,赋予其清爽口感,还可以用来防止根菜变色。可选种类多样,包括葡萄酒醋、巴萨米克醋等,可以根据料理区别使用。

\ 要点 /
04

\ 要点 /
05

\ 要点 /
06

饮食手帐 —— 蔬菜

讲究下调味料的顺序

下调味料的顺序不同,做出的沙拉成品也各不相同。如果要求蔬菜十分入味,可以事先撒入盐,析出多余水分并控干。而如果要让蔬菜保持水嫩的状态,则应先滴入油,在蔬菜表面形成一层保护膜,以防水分流失。

注重口感

沙拉的怡人口感可以提振食客的食欲,为沙拉的美味锦上添花。以叶菜为例,如果只浇沙拉汁,多食一定会腻。而撒上香脆的坚果,便能够搭配出不同口感。如此稍加用心,便可使沙拉变得更加美味。

食用之前再制作

对于生菜沙拉,放置时间越长,析出的水分越多。不但影响卖相,风味也会大打折扣。而无论是炸还是烤,也都建议趁热食用。制作酱菜、腌菜等需要时间入味,但沙拉应尽量在食用之前再制作。

推荐烹调方法&调味料

多样的烹调方法及调味料，可以成就富于变化的沙拉。
让我们展开想象的翅膀，尽情享受搭配组合的乐趣吧！

烹调方法

RECIPE

除了选用各种新鲜蔬菜，利用不同的烹调方法，也可以激发出蔬菜的各种风味，制作出种类丰富的沙拉。

美味！

Fresh

生食

食用生蔬菜制作的沙拉，可以享受到爽脆、清甜的新鲜风味，还可以充分摄取不耐加热的B族维生素及维生素C。

Roast

烤

以烤或炒的方式使蔬菜脱水，同时将美味浓缩其中。以生食为主的蔬菜，稍加烹调便会产生不同往常的美味。

Fry

炸

将新鲜蔬菜迅速在油中炸一下，可以提升香味和口感，同时增亮色泽。那不同于生食、富有层次感的口味，是油炸食品所特有的。

美味！

Steam

蒸

蒸熟的蔬菜松软且富含水分，可以品尝到食材本身的美味，这种无油、健康的烹调方式近年来广受欢迎。

Boil

煮

水煮之后的蔬菜体积减小，可以大量食用。蔬菜中的涩味也可以通过水煮去除，从而改善口感。为防止营养素流失，水煮蔬菜请连同汤汁一同食用。

升级！

甘甜！

SEASONING

本节为各位推荐的调味料都富有独特风味，每一种都可独当一面，为沙拉增香、提味。

枫糖浆

利用糖枫树的树汁熬制而成，拥有独特的芳香，为色拉酱或调味汁赋予甜味，是一种将大自然的馈赠浓缩其中的天然甜味料。

巴萨米克醋

意大利的传统调味料，使用葡萄汁经长时间酿熟而成，散发芳醇的香气，味微酸。只需要在色拉酱或调味汁中加少量巴萨米克醋，即可使之既浓郁又美味。

豆瓣酱

是川菜中的"辣味"担当，以蚕豆为原料，加入辣椒制作而成。它可以提振食欲，为料理添加层次丰富的辣味。

颗粒芥末酱

这是一种西洋芥末，具有芥末籽的轻脆口感与刺激的辣味。加入沙拉汁或酱汁中，即可为食物添加清淡酸味和辣味。

柚子胡椒

将辣椒和柚子皮捣成泥，拌入盐进行熟成※而得。清淡的柚子香、温和的辣味也很适合搭配蔬菜。
※将新鲜食材放在指定的温度、湿度下自然发酵的过程。

黑胡椒　莳萝籽　姜黄根粉

黑胡椒带有强烈而独特的风味与刺激感，莳萝籽散发的特有香气类似咖喱粉，姜黄根粉颜色鲜黄，着色力强劲。以上调味料只需添加少许，便可为食材的味道锦上添花。

辣味番茄沙司

以番茄为主要食材的调味料，在红辣椒的辣味中，还带有甜味和酸味，与鱼贝类非常相配，辣味和甜味都很强烈。

刺山柑

在意大利，人们会将刺山柑花苞浸泡在醋或盐中腌渍。取适量刺山柑切碎后拌进食材，或直接倒在食材上均可。

泰国鱼露

将盐和鱼混合搅拌使之发酵，舀取浮在上层的金色透明液体即成鱼露。味道咸鲜，可倒在一个富有民族特色的碟子中当作蘸料使用。

芝麻油

从芝麻中榨取的油脂，散发浓郁的炒芝麻香味。口味有重有轻，味道较重的芝麻油可以减少用量。

按需选择沙拉菜谱

从沙拉中不仅可以品尝到美味的蔬菜, 还可以收获美丽和健康。
本节将沙拉分为七个类别, 便于各位根据自己的需求从中选择。

\ 功效 /
01
美肤

沙拉菜谱_01
苦苣荷包蛋沙拉

材料（2人份）

苦苣……60克
鸡蛋……1个
小番茄……2个
　特级初榨橄榄油……1大勺
　白葡萄酒醋……½大勺
Ⓐ 酱油……各½大勺
　盐……少许
　粗磨黑胡椒……少许

做法

❶锅中放入600毫升水、1～2大勺醋（另备）煮沸。转中火（微微沸腾的状态），敲开鸡蛋壳，迅速投入其中煮1分钟，用漏勺捞出。
❷将苦苣撕成方便入口的大小，小番茄竖切成4等分。
❸将步骤❷的食材与步骤❶的荷包蛋盛入容器中，浇上Ⓐ。

有效美肤的原理

苦苣中富含胡萝卜素和钙，微苦的成分还具有镇静作用。因压力造成皮肤干燥的人士建议多加食用。

沙拉菜谱_01

蜜瓜鸭儿芹意大利熏火腿片沙拉

材料（2人份）

蜜瓜……⅛个
鸭儿芹……4～5根
意大利熏火腿片……4片
刺山柑……少许
特级初榨橄榄油……1小勺

做法

① 蜜瓜去皮、籽、瓤，片成4等分。鸭儿芹切成与蜜瓜片等长。

② 将意大利熏火腿片在橄榄油中浸过，使油分渗入其中。

③ 将鸭儿芹置于蜜瓜之上，用火腿片将其卷起，盛放在盘中，撒上刺山柑。

有效排毒 的原理

蜜瓜中富含钾，有助于利尿，排出体内多余的钠，净化体内环境。

\ 功效 /

03

调节肠道

沙拉菜谱_03

越南风味蒟蒻丝菌菇温沙拉

材料（2人份）

蒟蒻丝……200克
杏鲍菇（小）……1根
香菇……2片
香菜……根据个人喜好
水……250毫升
鸡汤宝……2小勺
泰国鱼露……1大勺
酸橙（非必需）……½个

做法

① 将蒟蒻丝焯水。将杏鲍菇切成方便入口的大小，香菇洗净之后等距划十字刀。

② 锅中倒入水及鸡汤宝，放入步骤①的蒟蒻丝，大火煮开。

③ 煮至汤汁刚好没过蒟蒻丝的程度，放入泰国鱼露。当杏鲍菇煮透时即可关火盛盘。

④ 撒上香菜，将酸橙切成条状置于其上。

有效调节肠道 的原理

蒟蒻中的食物纤维葡甘聚糖具有减缓消化吸收的功效，有利于肠道畅通。

饮食手帐 — 蔬菜

沙拉菜谱_04

柚子醋煎洋葱

材料（2人份）

洋葱……1个
芝麻油……1.5大勺
柚子醋＋酱油（市售）……2大勺
柚子醋＋酱油（市售/浇淋用）……适量
鲣节……适量

做法

①切去洋葱蒂，连皮切成四等分的圆片。

②在一个方平底盘中铺满芝麻油，在①的两面涂满油及柚子醋酱油。

③将②摆放在烤盘上，放入烤箱烤制10～15分钟，直至表面呈焦黄色。取出后撒上鲣节，淋上柚子醋和酱油。

有效缓解疲劳的原理

切洋葱时容易被刺激得流眼泪，而刺激泪腺的正是一种名为硫丙烯的成分，对消除疲劳很有效。

有效预防体寒的原理

大豆做成的豆腐与调味蔬菜一同食用，可以摄入均衡的营养。对于调节荷尔蒙平衡，预防体寒和肩周炎都有一定效果。

沙拉菜谱_05

调味蔬菜配豆花温沙拉

材料（2人份）

豆花（小盒）……1盒
小葱……¼根
青紫苏叶……3片
鸭儿芹……5根
阳荷……1个
九条葱……适量
Ⓐ｜ 高汤……2大勺
　｜ 酱油……1大勺
　｜ 生姜（生姜蓉）……½小勺

做法

①将豆花放在笊篱中。

②小葱切碎，在水中浸泡10分钟以上，置于笊篱上。青紫苏叶根据自己的需要切碎，鸭儿芹切成5厘米大小，阳荷切成薄片。九条葱切成葱花，浸泡在水中。

③将豆花盛放在盘中，周围放上除九条葱外的其他调味蔬菜，将小葱撒在豆花上。

④将A放入锅中加热后，浇在③上。

沙拉菜谱_06

嫩煎菌菇莳萝籽包生菜

材料（2人份）

香菇……2片
玉葱……50克
舞茸……50克
生菜（大叶）……2片
黄油……10克
盐……少许
莳萝籽（粉末）……¼小勺
帕尔玛奶酪（奶酪碎亦可）……适量

做法

❶香菇洗净，切成5毫米大小的薄片，玉葱和舞茸洗净、切开。生菜对半撕开，菜梗切成细丝。

❷将黄油放在平底锅中加热，放入❶的各种菌菇翻炒，下盐、莳萝籽粉调味。

❸将❷盛在生菜叶上，撒上帕尔马奶酪。

有效减肥的原理

香菇中富含食物纤维，在体内长时间停留可保持饱腹感，因此是适合减肥期摄入的食物。

功效

07

消除压力

有效消除压力的原理

番茄富含番茄红素，具有良好的抗氧化作用。与促使身体放松的九层塔搭配，可为身心减负。

沙拉菜谱_07

香烤番茄沙拉

材料（2人份）

番茄（大）……1个
九层塔叶……2～3片
大蒜（蒜蓉）……少许
盐……少许
奶酪碎……1～2小勺
橄榄油……2小勺
松仁……2小勺

做法

❶番茄去蒂，将其下部横向切去少许，以便作为稳固的底座使用。再将其对半横切，里侧划十字刀。

❷将九层塔叶切碎。

❸将番茄摆放在烤盘上，抹上大蒜蓉，撒上盐和奶酪碎，浇上橄榄油，最后撒上松仁。

❹送入烤箱，烤制4～6分钟。

饮食手帐
—
蔬菜

VEGES HIGH IN ENZYMES

聚焦蔬菜中的酶

酶在蔬菜中的含量十分丰富，其作用是调节我们身体的状态。
让我们结合自身的生活方式来享用吧！

新鲜水果
也是酶的宝库

蔬菜中含有大量酶

发酵食品中
含有大量有益菌

酶可作为发酵调味品、
沙拉酱的材料

生鱼、肉中也含有酶

酶是一切生命活动所必需的物质

近年来，"酵素"这一来自日语的词汇在我们的生活中经常被提及，我们称之为"酶"。它来自动物体内或食物，它与消化、呼吸、保持体温、排泄等所有的生命活动息息相关，是我们生存绝对不可或缺的物质。

说起酶的结构，就是在矿物质的周围缠绕着蛋白质，而被裹在其间的矿物质的类型，以及蛋白质缠绕矿物质的方式，决定了酶的类型。目前为止已发现的酶约有3000种，每一种酶只能负责一件工作。

食物所含的食物酶，多存在于新鲜的、生的食物，以及发酵食品中，当然蔬菜也含酶。了解酶的结构，可助我们有效地摄取。

易瘦身材的制造者——酶

有了充足的酶，身体代谢变旺盛！

酶的作用中，最需要关注的是代谢。所谓代谢，就是将营养转换成能量，或改造成新的组织。因此，"代谢酶"所起的作用类似起爆剂。虽然我们的本意是想增加代谢酶，但体内产生的酶是有限的，而且还会随着年龄的增长而减少。而且，吃得太多，以及

不顾健康的饮食还会浪费体内的"消化酶"，代谢酶也会因此而减少，从而造成脂肪堆积，皮肤和肌肉老化……

为免于此，我们应该谨慎使用体内的酶，同时大量从食物中摄取"食物酶"。有食物酶帮助消化，代谢酶也会工作得更加顺利，代谢效率得以提高，让我们瘦得自然、美得年轻。

体内 | 体外

体内

促进身体循环的
代谢酶

人体产生的代谢酶，是所有生命活动必需的物质。被人体消化、吸收的营养素在人体中绕行，并转换成能量。是呼吸、运动，以及制造人体组织（如皮肤、肌肉）不可或缺的物质。

分解食物的
消化酶

人体制造的消化酶是消化不可缺少的物质。口、胃、胰脏等器官都会分泌消化酶，用于分解米饭等食物中的糖分，分解肉、鱼、蛋中的蛋白质，分解脂肪等。

 在体内产生的量有限

体外

生的食材中所含的
食物酶

蔬菜、水果、肉、鱼等生的食材，以及米糠咸菜、泡菜，纳豆、味噌、酱油等发酵食品中大量含有食物酶。所有食物酶都具有自我消化能力，因此有助于体内的消化，起到节约消化酶的作用。

 从食物中摄取

＼ 体内酶的存量充足，可获得以下效果 ／

效果 01	消化、吸收顺畅 血行通畅	效果 04	避免皮肤粗糙、消除便秘 柔肤、美肤
效果 02	调节肠道环境、提高免疫力 少感冒	效果 05	防止造成衰老的 "糖化""氧化"、抗衰老
效果 03	提高自愈能力 增强抗病能力	效果 06	改善血液循环 改善体寒

饮食手帐 —— 蔬菜

酶对身体产生何种影响？

生活节奏影响人体制造酶的量

人体制造的酶有两种：消化酶用于消化、吸收、分解食物；代谢酶负责将吸收的营养输送到身体各处，修复身体有问题的部分。这两种酶会随着年龄增长，或因为睡眠不足、运动不足、过量进食，或摄入过量甜食、加工食品、高脂食品、点心等而逐渐减少。

酶的减少，会使消化力下降，从而降低营养转换成能量的效率，使脂肪容易堆积在体内。

与之相反，如果能够摄入足够的食物酶，保证适度的睡眠和运动，便可使酶保持在足量的状态，脂肪也不易堆积。一切先从改善我们日常生活的状态开始。

代谢酶·消化酶

◎补充食物酶 ◎八分饱 ◎适量运动	◎年龄增长 ◎过量进食 ◎饮食不规律

酶充足	酶不足

◎消化顺畅 ◎营养充分转化为能量	◎消化力低下 ◎营养难以转化为能量

易瘦的身体	不健康的身体

哪些蔬菜有利于摄取酶

蔬菜或发酵调味品中富含的植物酶

植物酶包含在食物中，它可以帮助消化，对体内产生的酶起着辅助作用。也许在想象中，每天摄取植物酶并不是件轻松的事，但实际上，我们身边的蔬菜、水果，以及日本人熟悉的调味料中也含有不少植物酶。特别是蔬菜便于食用，可以每天足量出现在我们的餐桌上。

与此相反，代谢时必须消耗大量酶的白砂糖，消化进程较长的动物油脂，如黄油、猪油等会浪费体内的酶，因此应控制摄入量。可以选择矿物质丰富的黑糖、栗糖，以及使用植物油烹调。此外，对于身体而言，加工食品中的添加物及化学调味品是必须排出体外的异物，从而耗费大量酶来帮助解毒、排泄，因此也应尽量避免。

生姜

含有蛋白质分解酶，帮助消化肉、鱼。辛辣成分还有驱寒的功效。

甘蓝

含有维生素U，具有保护胃黏膜，修复人体组织的功效。加热会被破坏。

菠菜

富含胡萝卜素、叶酸、铁，除美肤之外，还可以预防贫血，为孕妇补充叶酸。根底部营养最丰富。

牛蒡

含有大量多酚，具有卓越的抗氧化作用，可以预防衰老。此外还含有水溶性食物纤维。

白萝卜

白萝卜中的酶可以分解三大营养素，是酶家族中的全能王。尖部含有辛辣成分，具有抗氧化作用。

洋葱

洋葱的辛辣成分，可以加强代谢糖分必需的维生素B1的吸收。在水中浸泡之后生食效果更佳。

苦瓜

含有一种名为植物胰岛素的物质，可以预防高血糖。其中的维生素C不受烹调破坏。

甜椒

胡萝卜素和维生素C含量丰富。因籽会抑制酶的生成，生食时应摘除。

番茄

色素成分胡萝卜素、番茄红素具有强力抗氧化作用，可以预防衰老。榨汁饮用还可以提高燃烧脂肪的效率。

饮食手帐 — 蔬菜

早餐饮用蔬果汁,摄入足量的酶

自己动手榨蔬果汁饮用,即可轻松摄入食物酶。
将蔬果切块后放入搅拌机,便可获得"酵素蔬果汁",
因此务请将其变成我们日常的习惯。

三个步骤**速成酵素蔬果汁**

步骤01

蔬果切块

将蔬果切成相同大小。切得越小,
越便于搅拌。

步骤02

放入搅拌机

先将水和豆奶等液体倒入搅拌机,
再放入切好的蔬果。

步骤03

搅拌

盖紧搅拌机的盖子,旋开按钮搅拌。
搅拌时间越长,蔬果汁越细腻。

如何成就一杯美味的酵素蔬果汁

蔬菜为主,水果为辅

水果中含有果糖,过量
摄入反而会破坏减肥
效果,因此可以蔬菜为
主,水果为辅。

选择低脂牛奶

与普通牛奶相比,低脂
牛奶不仅热量低,还含
有更多钙及维生素。

有效利用甜味蔬菜和水果

生姜、洋葱、苦瓜等不
适合直接榨汁饮用,建
议与甜味蔬菜或水果一
起榨汁。

添加有饱腹感的食材

如果感觉单凭果汁无法
满足,可以添加小麦、
香蕉等给身体带来饱腹
感的食材。

酵素蔬果汁简易菜谱

使用冰箱中的常备蔬菜，可以制作哪些基本的酵素蔬果汁？
让我们利用家中剩余的蔬菜，制作几种简单的蔬果汁吧。

85
卡路里

54
卡路里

91
卡路里

果汁菜谱_03

口味清爽、入口润喉的番茄苹果汁

番茄苹果汁

材料（1人份）

番茄……20克
甘蓝……1片（30克）
苹果……⅓个（50克）
水……100毫升

做法

番茄洗净、去蒂。苹果取出籽，
连皮切块。甘蓝切成大块。

将水和 倒入搅拌机中搅拌。

果汁菜谱_02

蜂蜜凸显绿色蔬菜的美味

绿色蔬菜

材料（1人份）

菠菜……3棵（60克）
蜂蜜……1小勺
甜椒……1个
豆奶……100毫升

做法

菠菜切大块，甜椒去籽，切成一
口大小。

将豆奶倒入搅拌机，再倒入 及
蜂蜜搅拌。

果汁菜谱_01

香蕉×杏仁口感也水灵

胡萝卜香蕉

材料（1人份）

胡萝卜……⅓根（40克）
杏仁……5颗
醋……2小勺
香蕉……⅓根（50克）
水……100毫升

做法

胡萝卜连皮切成一口大小。香
蕉剥皮，切大段。杏仁稍微烤一
下，用刀剁碎（或装入保鲜袋中
碾碎）。

将水、醋、 倒入搅拌机中搅拌。

西式泡菜——超级酵素食品

西式泡菜的原料是各种醋和蔬菜，从中可以轻松摄取酶，
堪称超级酵素食品之一。它究竟神奇在哪里？它的力量有多大呢？

╲ 西式泡菜的优点 ╱

╲ 要点 ╱
01

双倍摄取酶的功效

在西式泡菜中，可以品尝到发酵食品——醋和生蔬菜，等于摄取了双倍的酶，因此被称为超级酵素食品。

╲ 要点 ╱
02

可以长期保存，是冰箱可靠的伙伴

只要是浸泡在腌泡汁中的泡菜，可以长时间保存。将用剩的生蔬菜腌制成泡菜，即可摇身一变，成为常备家中的酵素食品。

╲ 要点 ╱
03

浅渍泡菜亦可口，是简餐的强势搭配

西式泡菜可以长期腌制保存，但仅腌制几个小时也很可口。清晨腌制的泡菜，午餐时间即可食用。

适合腌制西式泡菜的醋和蔬菜有哪些?

醋和蔬菜是腌制西式泡菜的原料, 但该如何选择呢?
让我们从个人喜好, 以及食材搭配的原理出发去寻找答案吧。

谷物醋	米醋	黑醋	巴萨米克醋	苹果醋	白酒醋
味道纯净, 用途广泛, 基本与所有蔬菜都可搭配。	用大米酿造而成, 酸味醇厚, 带有大米的甘甜。	原料仅为大米、小麦、大麦, 富含氨基酸等营养素。	香味和甜味丰富, 兑入米醋或谷物醋更易于使用。	酸味醇厚, 适合不爱吃酸的人士。建议与水果、甘蓝搭配。	在白葡萄酒中加入醋酸菌发酵而成, 酸味强烈。

醋

醋的类型多种多样, 我们从中选出适合腌制西式泡菜的类型加以介绍, 希望能够为各位提供灵感, 通过尝试找到自己喜欢的风味。

×

蔬菜

在此介绍的蔬菜易于保持原状且可生食, 腌制起来较为轻松。而容易掉色的茄子, 以及容易吃味的白菜等则不太适合腌制。

胡萝卜　　　　彩椒　　　　花椰菜

西芹　　芜菁　　　黄瓜　　　小番茄　　　小洋葱　　　白萝卜

西式泡菜基础食谱

只需将蔬菜进行腌渍，便可品尝到美味的西式泡菜。

本节将介绍几个简易的食谱，一次掌握要领即可上手。

常备家中，随时取用，可为各种料理锦上添花。

简易泡菜_01

蜂蜜的甘甜是天然的美味

西式泡菜条

材料（2人份）

黄瓜……1根
胡萝卜……½根
西芹……½根
白萝卜……⅓根

A
| 谷物醋……100毫升
| 蜂蜜……2大勺
| 盐……⅔大勺
| 30～40℃的温水……50毫升

做法

❶即便是泡菜，如果容器中有杂菌，也很难
长期保存。首先应用开水消毒容器。

❷将蔬菜切成等粗、等长的条状，以保证腌
制程度一致。

❸用A调制成腌泡汁，将蜂蜜用温水溶化后
与其他食材混合。

❹在❶的容器中放入❷的蔬菜，倒入❸的腌
泡汁。请注意，蔬菜最后放入会使腌泡汁
溅出。

\ 要点 /

醋：砂糖：盐的比例为 10：3：1

佐料一般按照
10：3：1的比例调成
腌泡汁，掌握了这个
原则，腌制其他蔬菜
也不在话下。

简易泡菜_02

红酒醋让香味更加浓郁
五彩泡菜

材料（2人份）

芜菁……2个
甜椒……2个
红椒……1个
黄椒……1个
小番茄……10个
　│ 红酒醋……100毫升
Ⓐ 砂糖……2大勺
　│ 盐……⅔大勺
月桂叶……1片
黑胡椒粒……适量

做法

❶芜菁、甜椒、彩椒切成一口大小。
❷用牙签在小番茄上戳出若干小孔。
❸将Ⓐ搅拌均匀，制作腌泡汁。
❹在容器中放入蔬菜、月桂叶、黑胡椒粒，倒入❸的腌泡汁。

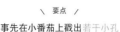
\ 要点 /

事先在小番茄上戳出若干小孔

事先在小番茄上戳出2～3个小孔，不必切开，直接放入腌泡汁便可入味。

饮食手帐
—
蔬菜

简易泡菜_03

德国经典食谱轻松学
泡酸菜

材料（2人份）

紫甘蓝……½个
盐……⅔大勺
辣椒……1根
月桂叶……1片
苹果醋……100毫升

做法

❶紫甘蓝切碎，撒入盐充分揉搓、挤干水分。
❷将❶、辣椒、月桂叶放入容器，倒入醋。

\ 要点 /

甘蓝事先腌盐

甘蓝在腌泡之前，用一定量的盐揉搓，目的是让味道渗入其中，且在倒入醋时更便于腌渍。

传统蔬菜妙趣多

被称为传统蔬菜的日本本地品种, 孕育自特定的环境气候, 它们种类多样, 充满魅力。
本节就请跟随我们的介绍, 在它们身上一探究竟吧。

（上）推着大板车或双轮拖车沿街叫卖京蔬菜*的货郎仍然健在。熟客也很多。

（下）昭和30年代, 金时胡萝卜上市时的场景。

※ 京蔬菜: 京都的传统蔬菜。

日本各地都掀起了复兴传统蔬菜的风潮

20世纪60年代, 欧美的饮食文化在日本长驱直入, 为日本人的饮食生活带来了巨变。将蔬菜水煮、腌制、晒干的做法变少, 日本过渡到以生产、流通生蔬菜为主的时代。传统蔬菜从日本人的餐桌上消失, 产量减少。同时, 品种改良技术得

（1）昭和时代初期晾晒练马大根的场景。日本曾经遍地种植练马大根。
（2）加贺蔬菜严守不与其他品种杂交的原则传承至今。
（3）在筑地市场（东京都中央批发市场），由中间商"东京城市青果"代理江户蔬菜。

2　　　　　　　3

以发展。自己采摘种子以备次年播种的农民，开始采用种苗公司制造的，生产率和抗病虫性较高的杂交品种，传统蔬菜便渐渐消失了。近年来，随着人们对于食品安全及慢食运动越来越关注，回归日式饮食生活的趋势日益明显，人们重新将兴趣转向了传统蔬菜。在这股趋势的影响下，一些农家或研究机构中保存的传统蔬菜有机会重现

江湖，逐渐在日本各地得以复兴。

日本各地的传统蔬菜复兴运动并未依托行政主导，一些有识之士秉持着自己的观点，积极致力于传统蔬菜的复兴。传统蔬菜的复苏，就在耕种者，运输者，烹调、加工者的交流中稳健地进行着。

秋冬季节百姓储存的食物

江户蔬菜

受到气候及土壤条件的影响,江户传统蔬菜多为生长在土中的根类,
当它们历经种植期,走入冬季时,便也迎来了时令季节。

朴实无华的江户蔬菜中,蕴藏百姓的生存智慧

江户时代,在参勤交代[*1]下被派遣至江户的大名,想要在异地品尝家乡的蔬菜,于是将菜种带到江户,请当地农民为其种植。此后又进行了各种各样的品种改良,终于培育出优良的蔬菜,并推广至日本各地。

战后,随着欧美式的饮食生活成为主流,本地品种逐渐销声匿迹,但仍有一些农民小心呵护江户蔬菜的种子,并将其保留至今。此外,筑地市场的批发商,以及青果店[*2]、餐饮店也积极参与销售和宣传。

在江户蔬菜中,以秋、冬季节采摘的根类、叶菜类为多。自古以来,人们都会将所有蔬菜腌渍、储存起来慢慢食用,腌渍技术相当成熟。这些食物中蕴藏着百姓的生存智慧,朴实无华的味道中反而有一种特殊的魅力。

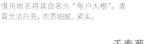

美味!

龟户大根
时令: 10月—翌年5月
原本野生在小松川 (江户川区) 的土手,自江户时代起开始人工栽培。大正时代借用地名将其命名为"龟户大根"。表面光洁白亮,肉质细腻、紧实。

千寿葱
时令: 全年
人葱刚传入东京时,人们觉得它通体全绿,根本没有可以食用的部分,后来被深埋进土壤中进行栽培。千寿葱及其他与之类似的大葱逐渐流行起来。

芯取菜
时令: 全年 (仅限上市时)
从十字花科唐人菜改良而来。有人摘下柔软的菜心部分用于制作汤菜,因此而得名。口感与白菜相似。

练马大根
时令: 11月下旬—翌年1月
德川五代将军纲吉为治疗脚气病而来到练马时,从尾张 (爱知县) 要来了大根的种子,与练马本地的种子融合,这才有了练马大根的鼻祖。人们热衷于用来制作泽庵渍[*]。

※1 参勤交代: 各藩的大名必须前往江户替幕府将军执行政务一段时间,再返回自己领地执行政务。
※2 青果店: 主要出售水果、蔬菜的商店。
※3 泽庵渍: 指腌白萝卜。

谷中生姜

时令：7月末—9月

名字中的"谷中"并非台东区的谷中，而是曾经的北丰岛郡谷中本（现荒川区西日暮里1、2）周边的地名。采摘时连叶带新根一起摘下，经常用来下酒，或作为料理的配料使用。

品川芜菁

时令：10月下旬—翌年2月

虽外形细短，却十分了得。在以腌菜为副食品的年代里，从江户到东京都很流行食用芜菁。根为圆柱形，长20～24厘米，粗4～5厘米。

小松菜

时令：全年

自江户时代起，江户川区小松川地区便开始种植，人称绿色蔬菜之王。"小松菜"之名为德川八代将军吉宗所取，是东京风味杂煮*中不可缺少的蔬菜。

※ 杂煮：用年糕和肉、菜合煮的一种食品。

健康

泷野川牛蒡

时令：11月中旬—2月上旬

江户时代在泷野川地区（东京都北区）开始种植。根可长至1米，很难将其粗犷的外观与柔软且紧实的肉质联系在一起，香味也很独特。

金町小芜菁

时令：10月中旬—翌年2月

作为芜菁的改良品种，每年春季也可上市。多用于腌渍，但因其耐煮不烂，也适合做成汤菜。煮过之后口感更加黏稠，味道也更甜。

后关晚生

时令：不定（仅限上市时）

小松菜的本地品种，自古以来便有种植。现在产量减少，其售价也随之标高。外观呈浅绿色，菜叶从菜梗下方长出。柔软又耐嚼，风味独特。

大藏大根

时令：11—12月

种植于大藏原（世田谷区）的白萝卜，昭和二十八年（1953年）经过品种改良，这一名称正式登记入册。它粗细均匀，耐煮不散，是最适合做成关东煮的蔬菜，因此广受欢迎。

甘甜！

饮食手帐 — 蔬菜

大板车依然活跃，历史悠久的传统

京蔬菜

仅在夏天上市的贺茂茄子、海老芋、油菜花等京蔬菜，
向我们昭示着季节的变迁。

京都的蔬菜先于其他县，被定义为传统蔬菜

为素食的僧侣而开发的精进料理盛行，因距离大海遥远而难以获得鱼贝类食物，这些因素使京都的料理与蔬菜越来越密不可分。第二次世界大战后一段时期内，本地品种式微，但同时又出现了重新认识日本传统饮食生活的论调。昭和六十二年（1987年），

京都的蔬菜先于其他县，被定义为传统蔬菜。

江户时代，人们将装着蔬菜的笸箩或木桶吊在扁担上沿街叫卖。在今天的上贺茂和西阵附近，仍然有人与菜农如此直接交易。此外，世代种植蔬菜的农民，对自己的工作有着很高的热情。为了追求这种传统的味道，那些著名的厨师们一大早就会到田里去直接采买，这在京都已成了家喻户晓的轶事。

万愿寺辣椒
时令：5月上旬—10月下旬
原产于京都府日本海边的舞鹤，是近年来名气看涨的辣椒。个大、肉厚、籽少、易入口，是饮食店菜单中的人气食材。

油菜花
时令：1月上旬—3月下旬
原作为冬季插花进行培育，后人们开始采摘油菜花的花苞食用。令人愉悦的口感，独特的辛辣味，使油菜花似也成为春季风物诗。腌渍油菜花是京渍物*中的基本款。
※ 京渍物：具有京都风味的盐渍食物。

辣

壬生菜
时令：10月—翌年6月
因种植在中京区壬生附近，故得此名。人们经常将其与水菜混淆，壬生菜叶尖部较圆，因此也有人称其圆叶水菜。

贺茂茄子
时令：6月中旬—9月
个大且圆，外形可爱。茄子肉扎实，观其外形难以想象其分量之重。煮、或均不易散，特别适合入油烹调。

圆形

京笋

时令：4月上旬—5月

自从笋从中国传入日本之后，便在京都西山广泛种植。其特点是笋肉柔软，甘甜无涩味。品质上乘者称"白子"，可搭配生鱼片使用。

❶ 圣护院大根

时令：10月下旬—翌年2月下旬

古代由尾张国进贡的白萝卜，被京都热心于研究农业的人士种植在圣护院内，不知不觉间竟长成浑圆的体态。它没有白萝卜特有的苦味，反而散发着清甜。

京水菜

时令：10月—翌年6月

这是日本闻名遐迩的绿叶菜的代表品种。菜叶鲜绿，如带有深深的刻痕，与细白的茎对比相映成趣。适合烫火锅或拌沙拉。

独特

堀川牛蒡

时令：11月上旬—12月

外形类似松树根，纤维柔软，容易入味。当年，有农民在被丢弃于聚乐第的护城河中的蔬菜残余中找到了牛蒡发出的芽，认为二年生植物牛蒡必是从这堆废弃蔬菜中抽芽生长出来的。据说这便是堀川牛蒡的起源。

海老芋

时令：11月—12月下旬

从长崎带回京都的芋头经过培育，长出了形似海老（日语，意为"虾"）一般的芋头，海老芋从此诞生。其肉质致密，久煮不散，味道甜美。

鹿谷南瓜

时令：7月上旬—8月中旬

江户时代，作为东北土特产被带回京都的菊南瓜发生基因突变，长成了葫芦的形状。它所含的亚麻酸对老年病有预防效果，其他营养也很丰富。

金时人参＊

时令：12月上旬—翌年1月下旬

又名"京人参"。史料未记载明治之前主要产于京都，严格意义上来说并不属于京都的传统蔬菜，但自古以来却又是京都料理中不可少的装饰蔬菜。

※人参：日语，意为"胡萝卜"。

多彩

九条葱

时令：10月—翌年6月

是叶葱的代表品种，也是京蔬菜的代名词。葱叶内侧的黏液口感甘甜、柔和，可以直接烤，也可以用作调味蔬菜。

美食之都大阪，饮食文化的支柱

难波传统蔬菜

大阪传统蔬菜的种植背景之后，蕴藏着丰富的饮食文化，

其支柱正是难波传统蔬菜

各种传统蔬菜是美食之都大阪的支柱

大阪之所以能够培育出富有特色的优质蔬菜，与土壤有着密不可分的关系。位于大阪平野的河内湖交汇着海水和淡水，大和川和淀川所带来的沙土不断堆积在河内湖，而这种砂质土壤非常适合种植蔬菜。而且以大阪湾为中心的海运、商业发展繁荣，物流发达。日本各地为了将食材运输到大阪而发明了盐藏[*1]、晒干等保存方法，干货得以迅速流通起来。

而支持难波饮食文化的，是环绕在中心地区，被称为"五畿内"的相邻旧诸国，以及被称为"八加村"的近郊农户。他们在借着上述两股东风，不断地输送农产品，助力了大阪饮食文化的飞跃发展。

碓井豌豆

时令：4月下旬—5月

明治时代由美国传入羽曳野市碓井地区，改良成为实用的豌豆品种。个小、色淡、皮薄、甜味重。在关西只要提起豌豆，便是指碓井豌豆。

毛马胡瓜

时令：6月下旬—8月中旬

原产于大阪市都岛区毛马町。表皮大部为白，瓜蒂为黑，全长30～40厘米，从绿色的瓜蒂向下颜色逐渐变淡。瓜肉口感好，瓜蒂部分带苦味。

泉州黄玉葱

时令：4月中旬—5月中旬

原产于泉南地区，从名为"Yellow Danvers[*2]"的品种中选择并加以改良而得，今井早生、贝冢早生玉葱都是由其早熟或极早熟而来，因此可说是日本玉葱的始祖之一。

甘甜！

大阪白菜

时令：5—8月

自江户时代开始种植，因主要在大阪市天满附近种植，又称"天满菜"。适合凉拌、腌渍，也适合油炒。

※1 盐藏：用盐腌制以便贮藏。

※2 Yellow Danvers：来自美国的品种，日本名为"札幌黄"。

高山真菜

时令：12月—翌年4月初

在丰能町的高山地区，自江户时代便开始种植。菜梗柔软，味甘甜。近年来在法国、意大利等国家的餐馆里，高山真菜也成了广受好评的食材。

新鲜！

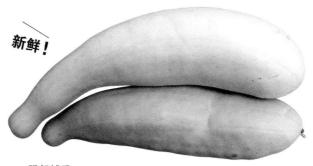

服部越瓜

时令：6月下旬—8月中旬

据说在江户时代，高市冢胁地区便开始了种植的历史。淡淡的白绿色瓜果上，有浅浅的条纹花样，长至直径30厘米左右便可采摘。味道清爽。

胜间南瓜

时令：7月—9月初

原产于大阪市西成区玉出町（旧称胜间村）的日本南瓜。小巧的个头不足900克，表皮的纵沟和瓜瘤很有辨识度。成熟之后，深绿色的瓜皮变为红褐色，风味也随之倍增。

吹田慈姑

时令：12月

江户时代之前是吹田市野生的植物，因其个头娇小，也称"姬慈姑"。如同栗子般的甜味，沙沙的口感，以及残留在口腔中的微苦都是其特点。

王寺芜

时令：10月下旬—翌年1月中旬

最早在大阪市阿倍野区附近种植，形状扁平，肉质紧密。与一般的芜菁相比，天王寺芜的含糖量高出1.5倍之多。在天王寺周边地区，人们习惯将天王寺芜做成风吕吹*食用。

※ 风吕吹：将白萝卜等食材煮软后蘸味噌食用的料理。

田边大根

时令：11月—翌年1月

一种白头萝卜，大阪市东住吉区（旧称东成郡田边地区）特产。过去会在其长粗之前，将一头尚小的田边大根摘下作为佐料食用。耐煮不易烂。

颀长！

守口大根

时令：12月初—12月中旬

最早种植于大阪天满宫周边地区。当年丰臣秀吉很中意大阪宫前刻大根的香味，将其命名为"守口渍"，故此而得名。全长130～150厘米，是世界上最长的白萝卜。

玉造黑门越瓜

时令：6月下旬—8月中旬

大阪城玉造门附近的黑门是最早种植此瓜的地方，瓜长约30厘米，直径约10厘米，呈长圆筒形，深绿色瓜皮上有白色竖条纹。瓜肉厚实、紧致。

饮食手帐 — 蔬菜

在乡土热爱之中复苏的金泽象征

加贺蔬菜

金泽市出产闻名全日本的土特产及加贺蔬菜。

没有全年出产，只有按照时令上市的蔬菜，人们从中感受到的是四季的转换。

加贺蔬菜品牌便是品质的保证

加贺蔬菜虽然是近年来才出现的名称，但自藩政时代便开始种植，是人们自古以来日常食用的蔬菜。金泽的自然环境优越，自古以来便有发达的农业，是一个经济繁荣、人口稠密的城下町。为了供给足够的食物，当地种植了大量蔬菜。

昭和40年代中期开始出现耐虫害、易栽种、产量大的蔬菜，传统蔬菜迅速从人们的视野中消失。后来，保存和推广传统蔬菜的呼声从当地生产者中传出。平成九年（1997年），金泽市农产品品牌协会成立，只要符合"从昭和二十年之前开始种植，现在仍是金泽主要种植的蔬菜"的标准，便被定义为加贺蔬菜。

经典！

加贺莲藕

时令：8月下旬—翌年5月下旬

初产于藩政时期。任何一根莲藕，每一节都有其独特的风味和口感，可以根据需要选择烹调方法。将莲藕捣碎后蒸，是当地有代表性的乡土料理。

打木红皮甘栗南瓜

时令：5月下旬—8月下旬

这是昭和十八年（1943年）前后，对从福岛县引进的红皮甘栗改良后获得的品种。曾几何时，在金泽只要提起南瓜，便只有红皮南瓜。味极甘、皮薄、瓜肉柔软。

金时草

时令：5月下旬—10月下旬

菊科多年生草本植物，从中国传入日本。草叶背面呈紫红色，煮后有黏液流出。摘取草叶部分凉拌，或做成三杯醋凉拌菜，是夏天里人们必食的料理。

厚重！

加贺粗黄瓜

时令：3月下旬—11月下旬

自昭和11年起，金泽农民将东北产的短粗黄瓜与加贺节成*黄瓜通过自然授粉进行培育，昭和27年便诞生了今天我们在市面上看到的粗黄瓜，重量在1千克上下，瓜肉柔软。

※ 节成：黄瓜主蔓上雌花节位所占的比例。雌花比例高者称节成性高，反之则称节成性低。

柔软！

二冢芥菜

时令：2月—3月下旬

自大正时代至昭和时代后期，在金泽市二冢地区，人们将芥菜作为绿肥播种，进行无肥栽培。在热水里泡过之后撒上盐，逼出辣味，便可做成味道辛辣、刺激的腌菜。

源助大根

时令：11月下旬—12月下旬

该品种诞生于昭和十七年（1942年），昭和三十三年（1958年）在金泽市安原地区正式投入种植。外形短粗，呈圆筒形。味带辛辣，但做成炖菜后味道则变得特别甘美。

慈姑

时令：11月下旬—12月下旬

当地种植的是青紫慈姑，表面富有光泽。进入大正时代之后，金泽的慈姑种植迎来巅峰时期，种植慈姑的农户多达30户，而今仅余6户。人们看重的是慈姑鳞茎上高高萌出的芽，认为其象征着"出芽"的喜庆，在过年时食用可以讨个好彩头。

快乐！

紫萼茄子

时令：6月下旬—10月下旬

紫萼茄子更为人所知的名称是圆茄。这是一种短椭圆形的小型茄子，原产于中国北部一带，经朝鲜半岛传入日本。水分少，皮薄，表皮富有光泽，肉质柔软。腌渍一晚即可食用，最适合烹煮炖菜。

加贺野大豆

时令：6月中旬—10月下旬

石川县称其为"蔓豆"，而正式名称则是"藤豆"。金泽市将其露地栽培在山脚下。与紫萼茄子及挂面做成的炖菜，是当地人夏天餐桌上保留的一道菜品。

赤芋茎

时令：7月—9月

顾名思义，芋茎即芋头的茎。叶柄为红色，专供食用的品种（八头芋、甘薯）称赤芋茎，是夏季醋腌小菜的基本款食材，口感滑溜、脆嫩。

取之不尽的日本传统蔬菜
日本各地的传统蔬菜

纵观日本全国，传统蔬菜的队伍何其庞大。
本节将从中甄选部分代表性蔬菜加以介绍。

01 青森县

传入城下町弘前的津轻冬季蔬菜是珍贵的营养来源

在青森县西部地区，种植着可以在冬季享用的津轻传统蔬菜。左图为清水森辣椒，属于津轻本地产的传统辣椒。

02 宫城县

丰饶的大自然孕育了四时蔬菜

仙台传统蔬菜近年来备受瞩目，右图中呈弯曲形状的余目大葱，以及仙台雪菜、芭蕉菜等，是当地众多的蔬菜中非常有特点的品种。

本地！

03 长野县

除野泽菜之外，还有更多传统蔬菜

信州传统蔬菜认证制度于2006年出台。右图中的田井泽茄子，每1株仅可结10根，茄肉柔软、甘甜，很受欢迎。

流行！

04 东京都

许多江户传统蔬菜可供冬季储藏食用

在蔬菜短缺的冬季到来之前，人们会储藏一些蔬菜以备过冬之用。练马大根（右图）便是其中之一。在东京都，此类传统蔬菜还有很多，主要种植于练马区、江户川区及小金井市等。

05 爱知县

温暖的气候，丰饶的水土孕育出的蔬菜

此地受益于温暖的气候及丰饶的水土，自古以来便盛产蔬果作物，夏季的时令蔬菜长豇豆便是其中一种。

06 奈良县

与古都魅力相当的蔬菜

作为奈良时代的都城，奈良县既有悠久的历史，又盛产传统蔬菜。有不少蔬菜以味美而知名，如十字花科腌渍菜大和真菜。

07 石川县

是乡土料理也是高级菜肴

石川县依山沿海，食文化也取得了良好发展。出于自给自足的目的，从古代就种植了多种本地蔬菜。

08 京都府

与京料理同步发展的京蔬菜

京都府先于其他自治团体，指定了京都传统蔬菜的品种。京都神社、佛寺众多，随着以蔬菜为主的精进料理的发展，京都本地品种的蔬菜也应运而生。

一方传统蔬菜养一方人

提起传统蔬菜，也许各位会将其与高档的品牌蔬菜画上等号。但事实上，传统蔬菜是指自古以来日本各地自有的品种。虽然各府、各县各有定义，但一般来说，是指从某个特定的年份开始，在某个地区野生或种植的蔬菜，以及淡出人们的生活，而今重又回归的蔬菜。

为某个地区数代人提供滋养的，是生长在那片土地的环境和水土中的食物。远古时期，人们以野草和野菜为食，那才是所谓"司空见惯"的蔬菜。在不同季节里采收的蔬菜，在当地人心目中具有举足轻重的地位。对于培养人们经受气候变化的忍耐力，这些蔬菜也是不可少的。

09 大阪府

各种传统蔬菜是美食之都大阪的支柱

美食之都大阪的支柱，是难波传统蔬菜。在大阪郊外的农村，主要出产鸟饲茄子、高山牛蒡、毛马胡瓜等。

10 高知县

仅限在当地生产、销售

弘冈芜菁、十市茄子、入河内大根等传统蔬菜仅限在当地流通。

13 鹿儿岛县

除樱岛大根，还盛产众多富有特色的传统蔬菜

受益于温暖的气候及优质的土壤，樱岛大根以世界上最重白萝卜的身份，被载入吉尼斯世界纪录大全。共计14个品种的蔬菜被列为传统蔬菜。

11 广岛县

矢贺苋苣等传统蔬菜在陆续复兴中

自平成十五年起，广岛市开始复兴传统蔬菜的运动。此地拥有众多特色蔬菜，如广岛菜、观音葱、矢贺苋苣等。

珍稀！

14 冲绳县

亚热带气候孕育出富含维生素的蔬菜

冲绳是日本境内唯一的亚热带气候地区，出产许多蔬菜。苦瓜、丝瓜、岛唐辛子等都是乡土料理中的重要食材。

12 长崎县

也不乏外来蔬菜扎根此地

在锁国时代，长崎县也是一个繁荣的贸易港口，因此有许多从他国输入的传统蔬菜。如味酸，且散发浓烈香味的柑橘"柚香"，以及一些自带悠久历史的蔬菜。

苦味！

VERANDA GARDENING

家庭菜园受热捧

阳台的方寸之地也可用来栽种蔬菜，不妨亲身一试，
挑战家庭种菜，收获生活中的小确幸。

亲手栽种既美味又健康的蔬菜

乍听之下，种菜似乎是一件了不得的大事。而实际上，只要有一个小阳台，就可以将种菜这件事化繁为简。

撒下菜籽数日之后即可发芽，嫩芽沐浴着阳光茁壮成长。随着种菜的开始，每日观察植物的生长变化，从中获得的愉悦感是其他事情难以比拟的。而且自家种菜无须喷洒农药，还可以尝试无公害绿色种植。只要保证充足的日照和通风，即使不使用农药也可以培育出健康的蔬菜。

亲手栽种蔬菜的愉悦，在采收的那一刻迎来高潮。熟透的新鲜蔬菜即采即食，是最大的优势。

家庭菜园必需品

首先要着手准备家庭菜园所需的材料和工具。

只需备齐以下所列的单品，即可开始享受种菜的乐趣。

\ 单品 /
01
种子
Seeds

在园艺商店可以购买。如果无法确定购买哪一种，建议先从种植周期短的品种入手，因为可以让自己很快获得收获的成就感。可以向店员咨询，也可参阅P041中介绍的种子包装袋，了解更多详情。

\ 单品 /
02
用土
Soil

培养土

从园艺商店可以买到各种土，但首次种菜建议选择含有基肥的蔬菜培养土。这种土可以提供基础营养，一直到蔬菜生长中期都是必需的。对于家庭菜园种植而言，也是方便之选。

赤玉土

不含肥料成分，但具有良好的保湿性和透气性，是花盆种菜常用的基本土，有细粒、中粒、粗粒之分，自家种植可以选择中粒。持续使用会使土粒碎裂，透气性、排水性随之变弱，因此建议与腐叶土混合使用。

\ 单品 /
03
花盆
Planters

选择花盆种菜，首先要根据蔬菜的种类来决定花盆的大小。如果种青梗菜等菜叶较小的蔬菜，不必特意购买花盆，利用空的易拉罐或饮料纸盒即可。注意要在底面开一个孔。

\ 要点 /

注意不同材质花盆的特点

花盆的材质有素烧、木制、纸制、塑料等各种各样。选购时应考虑到不同材质的透气性、排水性、保湿性、重量等因素。

饮食手帐 — 蔬菜

步骤 _ 02

准备容器

选择播种的容器是有一些诀窍的, 对此了解一二, 可保种植过程零失败!

开始

铺钵底石

花盆下部的土较为紧实, 排水性因此而变差。铺设钵底石的目的, 是在钵底网上适当留出间隙。铺设3厘米左右, 遮住盆底即可。

利用钵底石加强透气性

为了保证蔬菜种在花盆中也能够受到充分的日照, 需要经常搬动花盆。因此宜铺设重量轻的钵底石。

容器底部铺网

为防止土从小孔中漏出, 可以用剪刀将钵底网剪成适当大小, 铺在容器底部。如此还可以防止害虫从盆底进入。

锦上添花的钵底网

虽不是必需品, 用上却也很方便。可以用三角形的滤网代替。

完成!

简易!

装入培养土

对于一个新手来说, 市场上出售的培育土便够用。上手之后, 可以考虑将各种肥料混合在土里。培养土装到8分满即可。

称手的菜园用具

花盆种菜虽然简单，但如果有几样称手的菜园用具相助，会获得更大乐趣。

\ 用具 /

01

园艺剪

疏苗、摘芯，以及采收时如果有一把轻便、锋利的园艺剪，可使工作事半功倍。

\ 用具 /

02

园艺铲

这是种植蔬菜苗，以及采收根菜时必备的工具。

\ 用具 /

03

花盆标签

用来标注植物名称，以及种植日期等信息。

\ 用具 /

04

洒水壶

必备用具之一。建议选择莲蓬头出水口，且可以拆卸的壶。

\ 种子包装袋——蔬菜种植说明书 /

❶ 标注蔬菜的科、属、原产地等。原产地信息有助于了解该蔬菜的适种环境。

❷ 标注培育方法，涵盖播种到采收全过程。如需进一步了解，可以参阅园艺类书籍。

❸ 标注不同地区大致的播种与采收时间。各地区的气温、地表温度，以及季节变化不同，播种时间也各不相同。

❹ 标注发芽所需的地表温度，发芽大致周期等。请注意，如地表温度不够，可能无法发芽。

❺ 标注发芽率及保存有效期。如发芽率低，应尽量多播种。保存有效期指保持发芽率的时间段，一般是质检日期起算1年。

饮食手帐 —— 蔬菜

选择易存活的蔬菜种植

初次尝试，建议选择种植周期短、易存活的蔬菜。
蔬菜嫩叶、小萝卜都是不错的选择。

蔬菜
适合新手尝试的家庭菜园蔬菜，
可以获取新鲜嫩叶。

01 蔬菜嫩叶

蔬菜嫩叶并非某种特定蔬菜，在小松菜、水菜、芝麻菜等叶菜尚处于嫩叶阶段时采摘的，都属于蔬菜嫩叶。从栽种到采收为期2周至1个月，周期短、易培育，非常适合新手。种苗供应商出售的综合蔬菜各不相同，根据个人喜好从中选择也不失为一种乐趣。不妨用刚采摘的蔬菜嫩叶制作沙拉，从中体会家庭菜园的妙趣。

数据	工具

科属

十字花科、
菊科等

栽种周期

15天左右

花盆

（除了花盆，空易拉罐、
纸盒，只要是自己喜欢
的器皿均可）

蔬菜嫩叶种植日历

1	2	3	4	5	6	7	8	9	10	11	12

播种

采收

品种

家庭菜园混合生菜种子（日本坂田种子公司）

混合了5种不同叶形、颜色的生菜种子。除了用于拌沙拉之外，还可以作为绿植，栽种在花坛中。

家庭菜园蔬菜嫩叶混合种苗（日本泷井种苗公司）

混合了7种散叶生菜的种苗。栽种在家中，可以欣赏红色系、绿色系，以及圆叶、尖叶等生菜摇曳生姿。

沙津菜套餐（日本泷井种苗公司）

混合了沙拉菜、水田芥、红/青散叶生菜等7种生菜种子。可以享受到各种口味和口感。

蔬菜

02

结满枝头的果实带来莫名感动。
蔬菜中的王者，沙拉中的主角

迷你番茄

如果要在花盆中栽种番茄，可以选择迷你番茄。也可以购买幼苗来培育，但对于追求栽种乐趣的人来说，还是建议从播种开始，全程亲身尝试。从栽种日起算，大约2个月之后便开始结果。到了采收的时候，看着结满枝头的迷你番茄，想必内心也会被喜悦充满。迷你番茄品种繁多，宜选择抗病能力强、易存活的品种。

数据	**工具**
科属	育苗盆（3号直径9厘米）
茄科	**深花盆**
栽种周期	（8号以上，直径24厘米×高24厘米以上）
4个月左右	**支柱**
	（8号专用，高90～120厘米）

迷你番茄种植日历

小萝卜种植日历

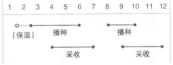

蔬菜

03

栽种周期短家庭菜园
栽种的保留蔬菜

小萝卜

小萝卜又称"二十日大根"。顾名思义，其栽种周期较短，非常适合家庭菜园栽种。除了红色，还有白色、紫色等丰富的品种，可供我们尽情选择。既可以用来装点沙拉，也是腌泡菜、西式泡菜中的添彩食材。一次制作，便可满足每日餐桌所需。关键在于充足的日照，以及尽早疏苗。

数据	**工具**
科属	长条形花盆
十字花科	宽约1厘米的木板
栽种周期	（便于修种植槽）
30天左右	

蔬菜

04 茄子

从夏到秋常驻家庭菜园，
装点餐桌的人气蔬菜

从播种到采收，虽然茄子的栽种周期较长，但盆栽也足以培育出健康的植株。茄子因其结果量大、采收量大而成为家庭菜园的人气蔬菜。栽培的关键在于充足的日照，防止缺水和缺肥料。成熟后应及时采摘，否则茄皮会变硬，茄肉会变稀疏。8月重新剪枝，还可以采收秋茄。

▌数据

科属

茄科

栽种周期

4个月左右

▌工具

花盆（直径9厘米）

高身花盆

（8号以上，直径24厘米×高24厘米以上）

支柱

（高120厘米）

茄子种植日历

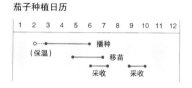

黄瓜种植日历

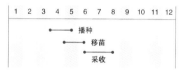

蔬菜

05 黄瓜

以腌渍菜形式出现在沙拉中，
新鲜为上的夏季蔬菜

黄瓜口感水嫩，是制作沙拉的不二食材，也适合做成下酒小菜或腌渍食用。与茄子类似，黄瓜的栽种周期也较长，但结果量可喜。刚采摘下来的黄瓜尤其新鲜。栽种过程中，应避免水分和肥料不足导致的外形不佳。另外，黄瓜易得白粉病，为免于此，在选种时应尽量选择抗病能力强的品种。

▌数据

科属

瓜科

栽种周期

4个月左右

▌工具

育苗盆（直径9厘米）

高身花盆

（8号以上，直径24厘米×高24厘米以上）

支柱（120厘米）

家庭栽种蔬菜Q&A

当正式投入蔬菜栽种之后，一定会发现各种未及预料的问题。
请跟随本节的内容，对肥料、病虫害等基础知识进行一番了解。

 新手应该如何选择蔬菜？

A 培育简单的叶菜，
或结果量大的蔬菜。

首先，尽量选择容易侍弄、无须过多打理的蔬菜。其中最轻松、最易培育的是蔬菜嫩叶或青梗菜等叶菜，当培育出嫩叶时即可采摘食用。此外，迷你番茄、甜椒等结果量可喜的蔬菜会带来很大的成就感，也推荐选择。不易于家庭栽种的蔬菜包括西葫芦及蜜瓜等大型蔬菜。

 需要防治病虫害吗？

A 病虫害防治必不可少，
也需要勤加观察。

栽种蔬菜一定会遭遇蚜虫、青虫等害虫的侵害。飞蝶、飞蛾飞来产卵，孵出的幼虫蚕食菜叶的情况也无可避免。我们要勤加观察，一经发现，立即除虫。同时还要注意日照和通风。对于白粉病、螨类害虫的侵害，则可通过保湿来预防。

 有没有适合室内栽种的蔬菜？

A 有些蔬菜也适合在
弱光照的环境下栽种。

有些叶菜，如蔬菜嫩叶、青梗菜、茼蒿在日照不足的条件下也可以栽种。意大利欧芹，薄荷等香草也可以在光照差的环境中生存。将蔬菜插在玻璃杯中水培，也可以在较少光照的条件下栽种。将鸭儿芹、葱连根插入水中即可发出新芽，是随时可以取用的调味菜。

 栽种美味蔬菜的诀窍在哪里？

A 尽量保证足够的光照。

无论怎样，蔬菜生长不可或缺的便是阳光。栽种在阳光充足的地方，是获得美味蔬菜的捷径。阳台在一天中不同的时段，日照会发生变化，最好跟随着日照移动植株。此外，还可以将植株放在高处，以晒到更多阳光。日照充足的蔬菜甜度高，味道也更好。

 如何选择土和肥料？

A 先选择蔬菜专用培养土及液体肥料。

如果是新手，选择一般的蔬菜培养土（基肥）即可。培养土中含有肥料，因此刚种植周期短的蔬菜便可不再施肥。如果是叶菜，初次采收之后可以施液体肥料，我们称其"追肥"。如果是结果的蔬菜，开花、结果之后需定期追肥。

 如何选择花盆？

A 根据蔬菜的品种选择，
以重量轻者为宜。

选择花盆，也是我们从家庭菜园中获得的乐趣之一。基本原则是根据蔬菜选择相应的花盆。迷你番茄、茄子等蔬菜选择高身花盆，小萝卜、青梗菜等则建议选择高20厘米左右的花盆。因为要跟随日照移动植株，所以应尽量选择重量轻的花盆。

 可以实现无农药栽种吗？

A 下功夫、勤观察，即可实现无农药栽种。

在家庭菜园中栽种蔬菜，我们都希望不使用任何农药。要做到这一点，必须勤加观察，发现病虫害并及时清除。将花盆拉开距离，让植株之间有足够的空间，避免其染病。菜叶正、反面都要仔细观察，以便发现细小的虫卵。

似懂非懂的蔬菜基础知识

七大关键词，
助各位了解蔬菜

关键词
1

关键词
2

关键词
3

关键词
4

分类

时令

产地

栽种方法

PART 2 七大关键词了解蔬菜

分类/季节/产地
栽培方法/营养价值
烹调方法/保存方法

　　蔬菜应该如何分类？时令如何区分？产地造成的差异是什么？含有什么样的营养？这些问题在我们心中貌似有答案，被问及时却又回答不出。本节将详解七大关键词，助各位了解蔬菜。

关键词
5

营养价值

关键词
6

烹调方法

关键词
7

保存方法

如何分组？

分类

对于各种形状、颜色、大小的蔬菜，应该通过什么样的方法来对其进行分类呢？

以食用部分分类

茎叶菜
此类蔬菜主要食用其叶、茎部分。除甘蓝菜、菠菜之外，还包括食用其鳞茎的洋葱，以及食用其茎的芦笋。

果菜
此类蔬菜主要食用其果实、种子部分。如番茄、茄子是食用其果实，毛豆、蚕豆则是食用其种子。

根菜
此类蔬菜主要食用其根及地下茎部分，如胡萝卜、白萝卜、牛蒡等。土豆、莲藕也属此类。

为蔬菜分类的方法不一而足，但较为实用的方法是根据食用部分及营养素来分类。

以食用部分大致分类，可分为茎叶菜，即食用其叶、茎部分；果菜，即食用其果实；根菜，即食用其根部。以此来分类，易于将蔬菜的形状和特点结合起来加以联想。

以营养素大致分类，可分为富含胡萝卜素的黄绿色蔬菜，以及其他的浅色蔬菜。此外，番茄、甜椒等蔬菜所含的胡萝卜素虽未达标准量，也被归类为黄绿色蔬菜。

以营养价值分类

薯芋类

在分为黄绿色蔬菜和浅色蔬菜的情况下，有时也会将番薯、芋头等薯芋类归在其他类别中。

黄绿色蔬菜

根据厚生劳动省的规定，"原则上每100克可食用部分中，胡萝卜素含量超过600微克"的蔬菜称为黄绿色蔬菜。

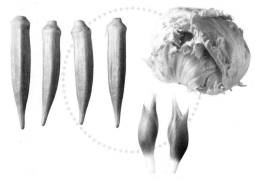

浅色蔬菜

浅色蔬菜基本上指除黄绿色蔬菜之外的蔬菜，多指生菜、阳荷等表皮色浅的蔬菜。

专栏

（右）加贺蔬菜中的源助大根的种子。传统蔬菜指本地品种的蔬菜。
（左）本地品种的秋葵的种子。也有一些小规模农户采用自家采收。

F1品种与本地品种

　　有一种蔬菜的种子称为"F1品种"。商店中出售的蔬菜，基本都是利用F1品种培育而成的。F1品种即"子一代品种"，是人工杂交出来的。具有抗病能力强，大小均匀，产量大等优势，但不会遗传给下一代。换句话说，即使播下子一代品种的种子，也不可能培育出特性相同的蔬菜。农户要培育F1品种蔬菜，必须每年购买种子或菜苗。随着F1品种在日本全国的风靡，传统蔬菜等本地品种逐渐退出了市场。

蔬菜最美味的季节称为什么？

时令

现代社会，我们随时都可以买到各种各样的蔬菜。也正因如此，我们更有必要了解蔬菜的时令，将其作为季节的风物诗来享受。

蔬菜时令日历

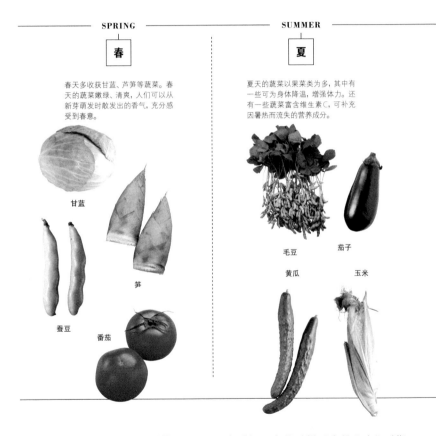

—— SPRING ——

春

春天多收获甘蓝、芦笋等蔬菜。春天的蔬菜嫩绿、清爽，人们可以从新芽萌发时散发出的香气，充分感受到春意。

甘蓝

笋

蚕豆

番茄

—— SUMMER ——

夏

夏天的蔬菜以果菜类为多，其中有一些可为身体降温，增强体力。还有一些蔬菜富含维生素C，可补充因暑热而流失的营养成分。

毛豆

茄子

黄瓜

玉米

所谓时令，是指蔬菜味道佳，且上市量大的时期。顺应季节，通过自然的栽种方法培育出的蔬菜具有美味、营养价值高、价格低廉的特点。

时令分为三个阶段："上市"时期享受初上市的时鲜，"大批上市"时期享受浓郁的味道，"落市"时期在日语中称"名残"，蕴藏着人们对其即将退出当季蔬菜队伍的惋惜。当季蔬菜与身体节奏的关系密不可分。所谓"时

番茄的时令是春天还是夏天?

番茄在春季育苗,而在露天的田地中结满鲜红番茄的季节却是夏季。盛夏时节里的新鲜番茄味道特别好,但也有一种说法认为,番茄是春季的当季蔬菜。像原产地安第斯高原一样干燥、昼夜温差大的环境中栽种的大棚春番茄,比起夏番茄,味道甜而不涩。大量高糖分的水果番茄上市也在春季。从这个意义上来说,也许春、夏都是番茄的季节。

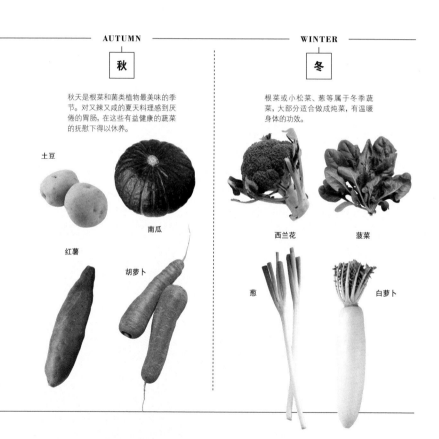

AUTUMN

秋

秋天是根菜和菌类植物最美味的季节。对又辣又咸的夏天料理感到厌倦的胃肠,在这些有益健康的蔬菜的抚慰下得以休养。

土豆

南瓜

红薯

胡萝卜

WINTER

冬

根菜或小松菜、葱等属于冬季蔬菜,大部分适合做成炖菜,有温暖身体的功效。

西兰花

菠菜

葱

白萝卜

饮食手帐 —— 蔬菜

令",即充分享受对应蔬菜的时期。这段时期内,蔬菜所含的营养最为丰富,对健康必不可少。

与时令关系密切的

产地

当季蔬菜的选择，与该蔬菜产于何地也有着很深的关系。时令和产地结合起来加以选择，就不会出错。

日本国土南北狭长，四季的造访因地域而异，因此适合培育蔬菜的环境也各不相同。如同春季的樱前线一般，采收蔬菜的产地也是从南到北推移，由此证明了"蔬菜前线"的存在。首先要了解的是，不同的蔬菜产地，采收的时间也不一样。

以春季栽种的土豆的采收期为例，在茨城县是6—7月，在北海道则是7月—9月下旬。

了解季节与产地的关系，对于挑选当季蔬菜很有帮助。在物流发达的城市蔬果卖场，最先上市的是南方的蔬菜，继而是产于北方的蔬菜。在选择蔬菜的同时考虑到产地的因素，有助于我们在蔬菜最美味的时期，品尝到土地上出产的最美味的蔬菜。

土豆

专栏

为什么在寒冷的气候下，蔬菜会变甜

对于菠菜、白菜等冬季的叶菜，有"霜打之后更甜"之说。究其原因，是因为蔬菜为了抵御寒冷，会减少水分，从而使糖分增加。水分中的糖度增高，蔬菜便不易被冻住。日照充分，在寒冷中缓慢生长的冬季蔬菜越吃越甜，营养也达到巅峰。菠菜虽然一年四季都可以栽种，但冬季菠菜中的维生素C含量就高于夏季菠菜。

土豆前线	×	洋葱前线

从地图上不难发现，土豆和洋葱的产地有自南向北推进的趋势。让我们来对比一下主要产地的采收期。土豆从初春时节的鹿儿岛出发，夏季到达北海道，冬季又返回鹿儿岛县和长崎县（两地气候温暖，一年可种两季）。洋葱也是一样，自3月前后开始在佐贺县和爱知县采收，10月前后在北海道结束采收。

※ 关于主要产地的采收期数据，洋葱根据平成十八年（2006年）产品分类经营统计（农林水产省），土豆根据对全国JA的调查编辑部的调查而得。

饮食手帐 —— 蔬菜

洋葱

栽培方法因生产者而千差万别

栽培方法

在人们对食品安全日益关注的今天, 蔬菜的栽培方法已成了人们关心的话题。那么就让我们一起去看看, 蔬菜究竟是如何培育成材的吧。

露地栽培

根据当地的土壤、气候进行栽培

指种在田中, 无屋顶、无遮盖设施。如此栽种出来的蔬菜称为露地蔬菜。要根据该地区的气候、风土进行栽种, 因此播种、移苗、采收都有固定的时间。虽是露地栽培, 有时也会用罩布覆盖田垄, 采取保温、防虫等措施。

缺点	优点
◎ 消化力弱	◎ 培育环境接近大自然
◎ 营养不易转换为能量	◎ 享受当季蔬菜的同时还可感受四季

栽培方法大致可分为两类, 一类在没有屋顶或其他遮盖物的环境下栽种, 称为露地栽培。另一类是在塑料大棚、温室中栽种, 称为设施栽培。

设施栽培的优点是便于管理温度、水分, 可以全年保证蔬菜供给和售价的稳定。此外还可以通过人工能源(如石油)进行促早栽培, 因此比一般蔬菜更早采收及上市。我们应该在了解二者区别的前提下, 结合蔬菜采收的产地、时间来选择。

如果要选择无农药、无化学肥料的蔬菜, 不妨将有机JAS认证*作为一个标准。

※ 有机JAS认证: 日本有机农业标准(Japanese Agriculture Standard), 是日本农林水产省对食品农产品最高级别的认证, 即农产品有机认证。

设施栽培

▼

利用塑料大棚管理温度、水分

指利用塑料大棚、温室等设施进行种植，其优点是全年保证蔬菜供给和售价的稳定。熊本县的番茄种植特别有名。也有人利用设施栽培生产无农药、无化学肥料蔬菜，比如在塑料大棚中种出的有机番茄。

确定	优点
◎成本高	◎可以认为控制采收时间
	◎遭受气候、虫害的概率低于露地栽培

其他栽培方法

▼

利用培养方法改变蔬菜

栽培方法各种各样，不同的生产者有各自的选择。水耕栽培是不使用土壤的种植方法。最大限度减少水分，以产出高糖分的水果番茄则是另一种方法。还有让菠菜经受冬天的严寒，以增加其甘甜的方法。下图中的菠菜在采收前暴露在冬天的寒冷中，以提高其甜度，因为菠菜叶遇冷收缩。

专栏

什么是无农药、无化学肥料种植？

无农药种植指在种植过程中不使用农药的方法。无化学肥料种植，是不使用化学肥料，仅使用有机肥料种植的方法，一般是在肥料中加入米糠、鸡粪、油渣并使其发酵而成。将植物残渣和落叶发酵处理所产生的堆肥也可以作为肥料使用。也有人采用无肥料种植。

富含维生素、矿物质的

营养价值

人们都说"蔬菜有益健康",这是为什么呢? 蔬菜中含有什么营养素,对身体起到什么作用呢?

富含维生素、矿物质的蔬菜

维生素C

每日推荐摄入量: 100毫克

有助于合成蛋白质、胶原蛋白,提高免疫力,从而改善皮肤状态,使身体免受感冒或其他病毒的入侵。

第1名
[绿]红椒
170毫克

2	[绿]黄椒	150毫克
3	[绿]欧芹	120毫克
	[绿]西兰花	120毫克
5	[浅]花椰菜	81毫克
6	[绿]甜椒	76毫克
7	[绿]莫洛海芽	65毫克
8	[绿]甜豌豆	60毫克
9	[绿]狮子唐辛子	57毫克
10	[绿]南瓜(西洋)	43毫克

维生素B$_2$

每日推荐摄入量:
男性1.6毫克、女性1.2毫克

维生素B2有助于糖分、脂类、蛋白质的代谢。维生素B2不足会导致能量代谢不畅而积蓄在体内。

第1名
[绿]莫洛海芽
0.31毫克

2	[绿]紫苏	0.34毫克
3	[绿]欧芹	0.24毫克
4	[绿]西兰花	0.20毫克
	[浅]菠菜	0.20毫克
6	[绿]山茼蒿	0.16毫克
7	[浅]毛豆	0.15毫克
	[绿]芦笋	0.15毫克
9	[绿]鸭儿芹	0.14毫克
10	[绿]韭菜	0.13毫克

维生素B$_1$

每日推荐摄入量:
男性1.4毫克、女性1.1毫克

维生素B1是糖分在体内转化为能量时必需的营养素。缺乏维生素B1会造成乳酸堆积,造成疲劳。

第1名
[浅]毛豆
0.31毫克

2	[浅]大蒜	0.19毫克
3	[绿]莫洛海芽	0.18毫克
4	[绿]甜豌豆	0.15毫克
	[浅]甜玉米	0.15毫克
6	[绿]芦笋	0.14毫克
	[绿]西兰花	0.14毫克
8	[绿]紫苏	0.13毫克
9	[绿]欧芹	0.12毫克
10	[芋]红薯	0.11毫克

碳水化合物、脂类、蛋白质合称三大营养素,并与维生素、矿物质合称五大营养素。虽然无法像三大营养素一样,成为能量来源或构成身体,但维生素、矿物质却起着调节身体状态的重要作用。

若论富含维生素、矿物质的食材,一定不可错过蔬菜。蔬菜中的维生素、矿物质不仅种类和数量可观,分配比例也很合理。此外,蔬菜还含有食物纤维、植物生化素等重要的营养素。如果各位近来略感身体不适,不妨多多摄入蔬菜。

什么是植物生化素？

植物为抵御紫外线所产生的各种各样的物质，称为植物生化素。当被人体摄入之后，可以在体内发挥抗氧化作用，使细胞免受活性氧的侵害。

叶黄素

花青素

番茄红素

β-胡萝卜素

β-葡聚糖

异黄酮

大蒜素

硫丙烯

钾

每日推荐摄入量：
男性2000毫克、女性1600毫克

细胞内部含有大量钾，外部则含有大量钠，二者频繁交换。钾的减少可导致钠含量升高，从而造成高血压症。

第1名
[绿]欧芹
1000毫克

2	[绿]菠菜 690毫克
3	[芋]芋头 640毫克
4	[浅]毛豆 590毫克
5	[绿]莫洛海芽 530毫克
	[浅]大蒜 530毫克
7	[绿]韭菜 510毫克
8	[绿]鸭儿芹 500毫克
	[浅]小松菜 500毫克
	[绿]紫苏 500毫克

铁

每日推荐摄入量：男性7.5毫克、
女性6.5～10.5毫克

大部分铁存在于血红蛋白中，它负责将氧气输送到全身各处。剩余的铁则被储存在肝脏、脾脏中。可分血红素铁与非血红素铁。

第1名
[绿]欧芹
7.5毫克

2	[绿]小松菜 2.8毫克
3	[浅]毛豆 2.7毫克
4	[绿]菠菜 2.0毫克
5	[浅]红叶生菜 1.8毫克
6	[绿]紫苏 1.7毫克
	[绿]山茼蒿 1.7毫克
8	[绿]葱 1.2毫克
9	[绿]西兰花 1.0毫克
	[绿]莫洛海芽 1.0毫克

钙

每日推荐摄入量：男性650毫克、
女性600毫克

钙占人体体重的1%～2%，是构成及坚固骨骼和牙齿的重要成分，还可以调节神经传递物质的作用。钙不足会导致骨质疏松。

第1名
[绿]欧芹
290毫克

2	[绿]莫洛海芽 260毫克
3	[绿]紫苏 230毫克
4	[绿]小松菜 170毫克
5	[绿]落葵 150毫克
6	[绿]山茼蒿 120毫克
7	[绿]青梗菜 100毫克
8	[浅]红叶生菜 66毫克
9	[绿]分葱 59毫克
10	[浅]毛豆 58毫克

饮食手帐 — 蔬菜

※ 排名参考资料：科学技术厅资源调查会编《日本食品标准成分表》第五次修订。

※[绿]指黄绿色蔬菜、[浅]指浅色蔬菜、[芋]指芋类。

※ 含量指每100克可食用部分中所含的量。

※ 每种成分的目标（推荐/标准）量以成人（20岁）为基准记录。

※ 每日推荐摄入量：推荐满足同属某一阶层的大多数人所需的摄入量。/每日目标摄入量：在未得到充分的科学依据以得出推荐量的情况下，同属某一阶层的人群维持良好状态所需的摄入量。/每日标准量：当下的日本人为预防生活方式病，而应将其作为当前标准的摄入量。

了解更多基础知识, 拥有更多选择

处理方法

即使是同一种蔬菜, 处理方法不同, 其味道和营养价值也会发生变化。了解不同处理方法的特点, 有助于我们品尝到既美味又营养丰富的蔬菜。

01 清洗

清洗方法会影响口感及营养价值

蔬菜所含的营养素中, 有易溶于水的B族维生素及维生素C。以菠菜为例, 为了避免营养流失, 应将其根部的淤泥彻底清洗干净, 再迅速清洗其余部分。叶菜如果切过再清洗, 维生素会从切口流失, 因此务请先清洗再切。

芜菁的根部容易堆积淤泥, 可用竹签清除。

菌菇类不用水洗, 而用沾湿的毛巾擦拭干净。

蔬菜中富含维生素和矿物质等营养素, 为了有效摄取营养以利健康, 有必要掌握一些烹调方法, 使蔬菜既美味又营养。即使是同一种蔬菜, 生食或烹调食用, 都会对可摄入的营养, 以及食用量产生影响。

02 预处理

如何剥皮、去异味

果蔬皮及其周围的部分也有丰富营养, 只要不介意农药残留, 也可以食用。芋类、胡萝卜、莲藕、牛蒡等, 清洗干净之后可以连皮一起食用。此外, 预处理也是去除特殊味道的重要手段。含有草酸的菠菜、竹笋、叶菜等, 通过预处理去除苦味或涩味之后, 变得更加美味。

将锡箔纸揉成小团摩擦莲藕皮, 可清除表面淤泥。

菠菜过水焯一下, 可去除其中的草酸。

每一种烹调方法都各有优缺点, 但目的都是让蔬菜保持其口味、口感、营养和食量。根据自己的需求, 来选择不同的烹调方法。偶尔别出心裁, 或许还能发现不同以往的新鲜美味。

⑩③ 烹调

选择烹调方法前充分考虑口味、口感、营养

让我们来了解一下各种烹调方法的优点。不耐加热的维生素C或B族维生素，选择生食可以有效摄取。选择烤或炒的方法，蔬菜中的水分得以蒸发，美味得以浓缩。

用油炒则可以加强脂溶性维生素A和D的吸收。慢煮使蔬菜量大为缩减，从而增加摄入量。蒸的烹调方法近年来更受欢迎，不妨也试试。

1 生食

生菜、甘蓝等如果要生食，建议用手将其撕碎。这种方法不会损伤蔬菜的细胞，口感也更好。蔬菜洗净之后再切，可防止营养流失。

2 炒

既要营养无损，又要保留口感，诀窍在于用大火炒以锁住蔬菜中的水分。如果同锅炒多种蔬菜，应将不易熟的蔬菜先入锅。

3 焯水·煮

叶菜或其他易熟的蔬菜，宜用沸水焯。根菜等不易熟的蔬菜，则跟着冷水下锅水煮。叶菜容易变色，焯水后应迅速捞出。

4 烤

烤的过程没有水分的参与，蔬菜本身的美味被瞬间锁住。可以根据不同的需求，选择烤箱、平底锅、烤架等厨具。

5 炸

油炸蔬菜适合下酒，或充实便当的菜品。连皮炸了食用，还能充分摄取营养。如果选择素炸，用油量小也无妨。

6 蒸

蒸蔬菜无须用油，是一种健康的烹调方法。而且既不会破坏蔬菜的形状，也能够保留食材的原味，因此近年来备受欢迎。

1　2　3　4　5　6

059

在采收后保持蔬菜新鲜的

保存方法

未及使用的蔬菜，只要保存得当，便可保存到全部食用完毕。而要做到保存得当，关键在于了解蔬菜的特性。

竖置保存型蔬菜

用保鲜膜包裹，竖置在冰箱蔬菜格中保存

菠菜、油菜花、芦笋、花椰菜、葱、白菜等蔬菜根在土里，向上生长，可食用部分在叶和梗，这类蔬菜属于竖置保存型蔬菜，如果长时间横放便会消耗其中的能量。用塑料袋或保鲜膜包裹蔬菜，并竖置于冰箱的蔬菜格，是基本的保存方法。

将水菜装入塑料袋，竖置于冰箱的蔬菜格中保存。

蔬菜在采收之后仍然有生命。比如，将芋类放在晒得到阳光的地方，过几天就会发芽。保留白萝卜和大蒜的叶子放置数日，叶和根都会长长。抑制住蔬菜的这种继续生长，尽量保存其能量，是保持蔬菜新鲜的诀窍。我们应该兼顾培育蔬菜的特性及其培育环境，设计出合理的保存方法。

外表完整即可长期保存的蔬菜一旦被切开，变质就会从切口处开始蔓延。带土的蔬菜一旦将泥土抖净，便无法继续长期保存。这些都是我们应该了解的特性。

带土保存型蔬菜

用报纸包裹，避光保存在阴凉处

土豆、芋头、红薯等芋类蔬菜及白萝卜等根菜，虽然我们食用的是其根部，但在归类上却属于带土保存型蔬菜。用报纸包裹，宜放置于避光、阴凉处。芜菁等带叶的根菜需摘取菜叶后保存，洋葱、大蒜则带皮保存。

土豆用报纸单独包裹保存。

垂挂保存型蔬菜

置于通风良好处常温保存

番茄、茄子、黄瓜、苦瓜、甜豌豆、南瓜等供人们食用果实部分的蔬菜，可归入垂挂保存型蔬菜。此类蔬菜大多原产于气候炎热的地区，不耐寒冷，因此建议不要放入冰箱，而是装入笊篱或纸箱，置于通风良好处保存。

保存在通风良好处。切开之后应用保鲜膜包裹，放入冰箱冷藏。

专栏

将新鲜蔬菜煮硬之后冷冻保存

利用家中的冰箱，也可以制作冷冻蔬菜，延长保质期。将蔬菜煮硬之后，切成适宜入口的大小。待水蒸气彻底散尽，蔬菜凉透。将保鲜膜展开铺在金属托盘上，将处理好的蔬菜铺开盛放，再在其上覆盖保鲜膜，放入-18℃以下的冰箱冷冻层中急冻。冻硬之后装入密封袋或密封罐中保存。

〔右〕关键是彻底去除水分后冷冻保存。

〔左〕据说将新鲜蔬菜冷冻，可有效保留维生素C。

四时蔬菜的百科知识凝练于此

蔬菜

PART

3

蔬菜图鉴

茎叶菜
果菜
根菜

　　在接下来的章节中，我们选取了45种平时经常见到或听到的蔬菜，从其来源到选择方法、预处理及烹调方式，再到保存方法都做了归纳。各位不妨随时翻阅，在享用蔬菜的同时享受健康愉快的生活。

菠菜

土豆

番茄

茎叶菜

LEAFY VEGETABLES

甘蓝

为身体提供丰富的食物纤维，
为女性贡献大量的维生素

甘蓝进入日本是在江户时代，种植则始于明治时代。在很长一段时期，日本人称之为"甘蓝"，后受西方思潮影响，英语"cabbage"的叫法越来越普及。全年都可在市场上买到甘蓝，但也有春甘蓝与冬甘蓝之分。春甘蓝外形蓬松，体量轻，水分充盈；冬甘蓝紧实，口感较硬，建议根据二者的特性选择烹调方式。除此二者，还有富含花青素的紫甘蓝、茎上结满叶球的抱子甘蓝以及非结球抱子甘蓝等。只有历史悠久的蔬菜才有更多变种，西兰花、花椰菜、擘蓝也属于甘蓝家族。

在希腊/罗马时代，甘蓝因其具有很高的营养价值而被人们推至高位，甚至被冠以"穷人的灵药"之誉。维生素C、食物纤维在甘蓝中含量尤其可观，前者多存在于菜心周围，以及外围的菜叶中。此外，水溶性维生素类物质维生素U（别名：cabagin）也很丰富。

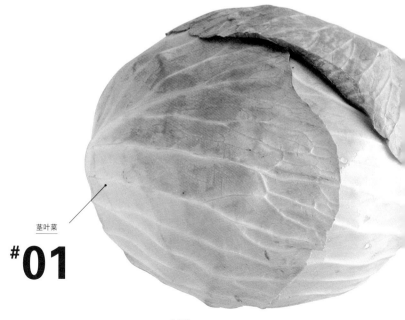

茎叶菜

#01

蔬菜数据

浅色蔬菜

【日本名】 甘蓝	【主要产地】
【英文名】 cabbage	爱知县/10月—翌年6月
【科/属】 十字花科/芸苔属	群马县/7月—9月
【原产地】 欧洲	千叶县/10月—翌年6月
【美味期】 3月—5月	神奈川县/12月—翌年5月
【主要营养成分】	茨城县/除夏季外
维生素C、维生素U、钙、胡萝卜素（外围绿色菜叶部分）	

预处理·烹调要点

用不同的烹调方法
分别处理外围和中心的菜叶

位于甘蓝中心的菜叶柔软、甘甜，适合生食或迅速焯水后食用。而外围的菜叶口感略硬，颜色较深，适合做成炖煮菜。针对不同部位的特性选择烹调方法，是享用美味的要点。

将菜刀从菜心的底部切入，将叶片掰下，菜心切成V字形或削片烹调。切下的菜心可切成薄片使用。

要点 ❶
菜心

①将菜刀从菜心的底部切入，用手掰下叶片。②如感觉掰下难度较大，可边将自来水注入菜叶缝隙边掰。

要点 ❷
菜心也可切片使用

甘蓝菜心较硬，与菜叶口感完全不同，建议切成V字形加以烹调，横向切成薄片亦可。

保存方法

密封保存以免水分流失

为免流失水分，用报纸或保鲜膜包裹，放入冰箱蔬菜格中保存。如已切开，断面会变质发黑，烹调前应切除。对准整棵菜的中轴切下，可防止断面鼓起。

检查叶球中轴的大小

宜选择菜叶包覆紧实，鼓起幅度均匀者。大小相同的甘蓝，较重者含水量更大，菜叶也更柔软。中轴直径与500日元硬币相当（约26.5毫米）者质量上乘，超过则说明种植时间过长，菜叶变硬，水分有一定流失。因此即便大小相同，这类甘蓝的重量会较轻。表面菜叶变成紫色，也不会影响其口味。

<整颗>

如果备选的甘蓝大小相同，建议选择分量最重者。分量轻说明种植时间过长，菜叶偏硬。

<包覆>

宜选择菜叶包覆紧实者。还应注意菜心的长度。

<茎>

叶轴直径与500日元硬币相当（约26.5毫米）者为宜。直径太大说明种植时间过长，菜叶偏硬。

#01
甘蓝

甘 蓝 家 族 成 员

家族成员 **1**

春甘蓝

[上市时间] 2—5月

[特性]

菜叶包覆松散，从外到内都呈绿色，且柔软、味甘、含水量高，因此适合生食。冬甘蓝以菜叶包覆紧实、分量重者为佳。但较之春甘蓝，冬甘蓝看起来更轻、叶片也更蓬松。

[食用建议]

水分充盈，口感柔软，因此建议生食。用手撕成小片，蘸着味噌或蛋黄酱食用便可。

家族成员 **2**

甜甘蓝

[上市时间] 11月—翌年2月中旬

[特性]

产于静冈县滨松市。种植甜甘蓝的菜田经过特殊的土壤分析，施以丰富的有机肥料，产量很小。生食的口感脆嫩，从菜叶到菜心都可赋予味蕾甜美的体验。烹调之后更甜。

[食用建议]

生的甜甘蓝最宜拌沙拉。烹调会使其更甜美，因此建议做成菜卷或入汤，以及用黄油香煎。

家族成员 ❻

抱子甘蓝

[上市时间]　11月—翌年2月

[特性]

该品种起源于中世纪的比利时，直径2～3厘米。其又粗又长的茎周围结着50～60个叶球，因此而得名"抱子甘蓝"。比普通的甘蓝更甜、更柔软，且略带苦味。维生素C含量则是普通甘蓝的4倍。

[食用建议]

整个放入炖菜，或作为熬制高汤的食材。切开可做嫩煎，以及用作鱼、肉料理的配菜。

家族成员 ❹

紫甘蓝

[上市时间]　7月—8月

[特性]

16世纪法国的改良品种，明治时代后半期传入日本。叶面为紫色，叶肉则为白色。紫甘蓝个头比绿色甘蓝小，叶片更厚，包覆也更紧实。维生素C含量高，煮时色素外流，因此建议生食。

[食用建议]

可拌沙拉，也可用作肉类料理的配菜。另外，紫甘蓝遇酸后愈显鲜艳，也适合醋渍或凉拌。

家族成员 ❺

皱叶甘蓝

[上市时间]　冬季

[特性]

该品种发源于法国萨瓦地区，这也正是其英文名savoy cabbage的由来。其表面有大量褶皱，味甘甜，有嚼劲，以及褶皱带来的弹性。菜叶较硬，适合炖煮。

[食用建议]

炖煮可使皱叶甘蓝变软，口味更甜，建议做菜卷，或加入番茄汤，以及做成法式清汤。

家族成员 ❻

非结球抱子甘蓝

[上市时间]　12月—翌年3月中旬

[特性]

抱子甘蓝与羽衣甘蓝杂交的品种，外形酷似绿色的玫瑰花。易熟，微甜，外围菜叶的营养价值高于叶芽，富含钙和胡萝卜素。

[食用建议]

适合拌沙拉，加芝麻凉拌，炒或煮，煎过之后易于做成菜卷。无论中餐、日料、西餐，都适合用其作为配菜。

饮食手帐　—　蔬菜

生菜

作为一款合格的配菜，
脆嫩口感值得称赞

生菜是沙拉和肉类料理中的王牌配菜。传说大约在公元前6世纪的波斯，生菜被奉上国王的餐桌，这便是其在历史记录中出现最早的身影。另一种起源说则认为，野生在地中海沿岸至西亚地区的生菜品种自欧洲出发，向东西方扩展。奈良时代"茎用莴苣"传入日本，而"叶用莴苣"则在1970年之后才得以普及。

在日本，人们主要食用圆生菜，这是一种结球生菜。也有一些非结球生菜，如红叶生菜等。圆生菜在第二次世界大战后才占领了日本人的餐桌。而在第二次世界大战前，只有极少数餐厅或酒店才会出现圆生菜。随着西餐的普及，日本人逐渐能够在沙拉中吃到生菜。

生菜中的营养素主要是胡萝卜素、维生素C和E、钾等。同时也含有大量有助排便的食物纤维，预防贫血的铁，以及防止皮肤干燥的叶绿素。

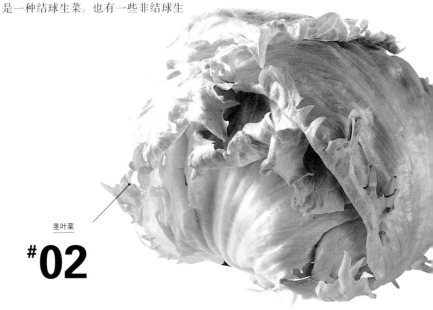

茎叶菜

#02

浅色蔬菜

【日本名】 莴苣	【主要产地】
【英文名】 Lettuce	爱知县/5月—10月
【科/属】 菊科/莴苣属	茨城县/
【原产地】 西亚、地中海沿岸	除夏季外，高峰期为3月—5月下旬
【美味期】 6月—8月	兵库县/
【主要营养成分】	4月—5月、10月下旬—翌年3月下旬
胡萝卜素、维生素C、钙、铁	群马县/7月—9月
	香川县/10月—翌年6月

选择看起来
分量较轻者

整棵生菜看起来水嫩、有弹性，且拿在手中感觉分量轻，说明菜叶包覆宽松，菜叶更柔软，适宜购买。尽量避免选择太紧实的生菜。

预处理·烹调要点

在冷水中浸泡片刻，
以激发脆嫩口感

在齿间嚼出脆嫩声响的生菜，生的菜叶可赋予口腔清爽之感，是拌沙拉的绝好食材。在冷水中浸泡片刻之后应彻底擦干再拌进沙拉，否则会破坏口感及稀释沙拉酱，使美味折减，因此务请彻底脱干水分。最近，将生菜用于炒饭或汤品的做法很受欢迎。烹调后更便于大量食用，但也要避免烹调时间过长。

要点 ①

彻底脱干水分

如果用于生食，应用厨房纸巾或果蔬脱水篮彻底脱干菜叶上的水分。

要点 ②

不可过度烹调

烹调过度会使口感尽失。为享受口感和甘甜，建议最后放入锅中，迅速汆烫后即捞出。

保存方法

菜心部分保水保存

将浸湿的厚纸巾靠在菜心部分，用保鲜膜或报纸整个包裹起来放入冰箱冷藏，菜心朝下。外围的菜叶不要丢弃，用来包住未及使用的生菜后冷藏，也有助于保鲜。

<包覆>

包覆宽松的菜叶更柔软，一般不带苦味。

<叶尖>

叶尖发蔫、变色，或呈现半透明状态，则说明生菜不够新鲜。

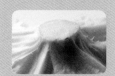

<菜心>

用手掂量分量，观察叶尖状态，检查菜心部分。宜选择断面水嫩者。

02
生菜

生 菜 家 族 成 员

家族成员 ❶

红叶生菜

[上市时间] 基本全年可上市, 以7月—8月为盛

[特性]

也称 "红叶莴苣", 是非结球的散叶生菜中, 具有代表性的品种。其叶尖呈紫红色, 叶面皱缩, 胡萝卜素含量是番茄的4倍。

[食用建议]

菜叶脆嫩、柔软, 一般用来生食。无特殊味道, 最适合拌沙拉或用来包裹其他食材加以烹调, 也可作为料理的铺底食材。

家族成员 ❷

圆生菜

[上市时间] 基本全年可上市, 以7月—8月为盛

[特性]

在日本提到生菜, 一般是指圆生菜。从20世纪60年代开始, 日本人开始广泛食用圆生菜。水嫩、脆爽的口感深受人们喜爱。泡在水中也几乎无损维生素C, 这也是其一大优点。

[食用建议]

没有特殊味道, 一般建议生食或拌沙拉。用来烫火锅, 或切碎用于炒饭也不错。

家族成员 ❸

绿叶生菜

[上市时间] 5月上旬—10月下旬

[特性]

与红叶生菜一样, 属于非结球生菜品种。叶片大, 叶尖褶皱状如绉绸。营养价值高于圆生菜, 既可生食, 也可烹调食用。

[食用建议]

可以与红叶生菜同时拌入沙拉以丰富色彩。也可以用来卷烤肉和什锦饭, 或切碎入汤。

家族成员 ❹

frill ice lettuce

[上市时间] 11月—翌年5月

[特性]

非结球散叶生菜的新品种。叶片蓬松, 褶皱迭起的叶缘是其典型特征。叶肉略肥厚, 咀嚼有声, 菜心坚实。

[食用建议]

无特殊味道, 且菜叶柔软, 主要用于拌沙拉。也可用作肉、鱼料理的配菜, 以及料理的铺底食材。

家族成员 ⑤

波士顿生菜

[上市时间] 基本全年可上市

[特性]

一种结球生菜。菜叶包覆松散，呈深绿色。叶片肥厚，但比圆生菜柔软，口感脆，味道稍甜。含铁量仅次于菠菜，且维生素、矿物质丰富。

[食用建议]

叶片肥厚、坚实，无特殊味道，适合用来卷肉、鱼等料理食用，或作为料理的铺底食材使用。

家族成员 ⑥

罗马生菜

[上市时间] 基本全年可上市，以7月—8月为盛

[特性]

日本名为"立莴苣"，原产于爱琴海的科斯岛。这是一种直立生菜，也是凯撒沙拉中的常见食材。口感脆，微微的甜味与苦味并存。

[食用建议]

添加了芝士、奶油的沙拉酱味道丰富、有层次感，罗马生菜与之十分投合，因此特别适合用来制作凯撒沙拉。

家族成员 ⑦

莴苣叶

[上市时间] 10月—12月

[特性]

叶面有褶皱，叶生长在茎上，如同树叶生长在树枝上一般。仅采收菜叶为食，略带苦味，是用来卷烤肉的明星蔬菜。

[食用建议]

是卷烤肉的明星蔬菜，也可以用来卷米饭、鱼贝类、泡菜等食物，还可以撕碎拌沙拉。

家族成员 ⑧

苦苣

[上市时间] 12月—翌年1月

[特性]

日本名为"菊莴苣"，原产于地中海沿岸地区，叶片细且多褶皱，叶肉软且味道柔和。叶色深者硬且苦。口感脆、味微苦，富含胡萝卜素及铁。

[食用建议]

口味清淡的菊苣，最适合拌上蛋黄酱、奶油等味道浓重的酱料食用。如果苦味较大，可考虑入汤。

家族成员 ⑨

红菊苣

[上市时间] 基本全年可上市

[特性]

原产于意大利，是20世纪80年代方才传入日本的新品种。其口感比生菜扎实，较甘蓝柔软。味略苦，烹调之后苦味更甚，因此建议生食。

[食用建议]

可作为沙拉的点缀，也可作为肉类料理的配菜，与橄榄油相得益彰。

白菜

冬季的代表蔬菜，
维生素C的宝库

　　如今一年四季都能在超市买到，因此白菜的季节感日渐模糊。人们或许早已淡忘，冬季才是白菜真正的时令。白菜也称"霜降白菜"，下霜时节的白菜为了抵御严寒而将淀粉转化为蔗糖，其甜度得以提高，风味更佳。无论是烫火锅还是腌渍，白菜都是冬令餐桌上不可缺席的一员。

　　近年来，小家庭（由父、母、子女构成）在现代化社会中越来越普及，整棵白菜一次用完不再是件易事。在这种现状之下，迷你白菜应运而生，成为人气新贵。它重约1千克，个头小巧，目标顾客群集中在东京都市圈。因其大小合宜，符合小家庭少量使用的特点而备受欢迎。

　　白菜的含水量高达95%左右，营养价值有限，但也含有维生素C及钾。

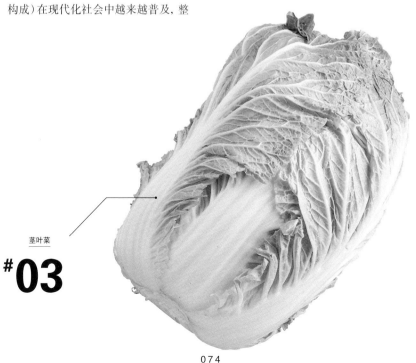

蔬菜数据
浅色蔬菜

【日本名】 白菜	【主要产地】
【英文名】 chinese cabbage	茨城县/3月—5月、10月—12月
【科/属】 十字花科/芸苔属	长野县/5月下旬—11月
【原产地】 中国	北海道/5月上旬—11月中旬
【美味期】 11月—12月	爱知县/11月—翌年3月下旬
【主要营养成分】	群马县/1月—3月、7月—9月
维生素C、钾、钙、食物纤维	

宜选择分量重者

　　白菜叶包覆紧实是非常重要的。购买时应挑选有弹性，外围菜叶新鲜者。菜心部分雪白，且富有光泽者较为新鲜。

　　如果是切开的白菜，切口水嫩，叶片紧实无空隙者为佳。勿选择菜心部分上翘，断面鼓起者。

预处理·烹调要点

不挑搭配食材，多种烹调方法

　　白菜的特点是含水量丰富，味道浅淡，适合搭配任何食材。特别是加入蛋白质之后，既可提味，又可均衡营养。将白菜和培根放入锅中无水焖煮，也格外美味。

　　白菜适合烫火锅、炒以及入汤。炒白菜时如用小火，会使水分大量流出影响口感。为免于此，应用大火迅速炒熟出锅。

要点 ❶

菜叶逐片掰下使用

应从外围开始，将白菜叶一片片掰下使用。如果一开始便切成两半，切面发生氧化，未及使用便不再新鲜。

要点 ❷

保证受热均匀

将薄的菜叶与厚的菜心分开，菜心先下锅，待煮透之后再加入菜叶。也可将菜心切末后烹调。

保存方法

装入塑料袋中冷藏保存

　　如果保存整棵白菜，可用报纸包住，竖置于阴凉避光处。竖置有利于减少能量流失。如果保存切开的白菜，可用保鲜膜裹住，放入冰箱冷藏。尤其是切面应密封完好，以防水分流失。

<整棵>

将整棵白菜捧在手中，感觉重量超乎其外观者为佳。

<断面>

根底断面雪白、水嫩者较新鲜。如变成褐色，说明已不再新鲜。

<切开的白菜>

菜心长度不超过整棵白菜的1/3，断面未见鼓起者较新鲜。

春甘蓝金枪鱼三明治

此款三明治中夹着口感柔软的春甘蓝，
满满一口，超大满足，为外出踏春的你补充能量和营养。
彻底挤干甘蓝中的水分，是做好此道美味的关键。

材料（2人份）

春甘蓝……50克
金枪鱼罐头……1罐
蛋黄酱……1.5大勺
自然盐……适量
胡椒……适量
面包……2个左右（视大小而定）

做法

❶甘蓝菜切丝，撒上盐（另备），静置片刻。待水分被析出之后，用手挤干残留在菜中的水分。

❷沥干金枪鱼罐头中的水，放入甘蓝丝、蛋黄酱、盐、胡椒，搅拌均匀。

❸烤面包，将步骤❷的食材夹在其中。

要点

如果将蛋黄酱和盐直接调入生的甘蓝菜，再夹进面包，从菜中析出的水分会被面包吸收，使之变得软塌塌的，严重影响口感和味道。因此必须事先将甘蓝菜中的水分彻底挤干。

茎叶菜

RECIPES

蔬 菜 美 味 食 谱

白菜、大葱、牡蛎、味噌泡菜小砂锅

暖胃、暖心、暖冬的冬令料理。

一品小砂锅，奉上足量蔬菜和健康。

材料（2人份）

白菜……⅛棵
大葱……2根
水菜……¼把
牡蛎……300克
泡菜……100克
海带……10×10厘米
酒……1大勺
豆瓣酱……½大勺
味噌……2大勺
白芝麻粉……适量

做法

①白菜切成一口大小，大葱斜切，水菜切成4～5厘米。

②将牡蛎在盐水中淘净，沥干水分。

③泡菜切成大块。

④将海带铺在砂锅底部，将蔬菜摆放其上，注入清水至没过食材。盖上锅盖，用中火加热。

⑤待蔬菜煮至8分熟时，加入酒、豆瓣酱、泡菜、牡蛎，盖上锅盖。

⑥加热至沸腾，待牡蛎煮至鼓起时，放入味噌并搅化，放入水菜。

⑦根据自己的口味撒入白胡椒粉。

要点

白菜削切备用。这是从坚硬的菜梗部分斜切而入的刀法，既可缩短烹调时间，又有助入味。如果削切一刀仍觉太大，还可再对半切开。

菠菜

富含维生素、铁等女性必需的营养素

菠菜是一种代表性的黄绿色蔬菜，富含胡萝卜素和维生素A。同时还含有B族维生素、维生素C、叶酸、铁等女性必需的营养素。是整体营养价值很高的蔬菜。根部的红色部分味甜，含有大量铁和锰，建议一并食用。

菠菜包括东洋品种（原产于中国，16世纪传入日本）、西洋品种（原产于欧洲，江户时代后期传入日本）。东洋品种的菠菜叶梢尖、叶肉薄、叶脉深、甜味强。西洋品种则是叶梢圆润、叶肉厚、涩味强。如今市场上也有不少介于二者之间的品种。为生食而专门研发的红梗菠菜以及沙拉菠菜以其甜味而获得很高人气。

全年都可在市面上看到的菠菜中，以冬季露地栽培的菠菜最为甘甜。

茎叶菜

#04

黄绿色蔬菜

【日本名】 菠薐草	【主要产地】
【英文名】 spinach	千叶县/全年
【科/属】 藜科/菠菜属	埼玉县/除夏季
【原产地】 西亚	群马县/全年。
【美味期】 12月一翌年1月	露地：10月一翌年6月、大棚：7月一9月
【主要营养成分】	茨城县/除夏季之外
胡萝卜素、钾、铁、叶酸	宫崎县/5月下旬月一翌年3月下旬

保存方法

用报纸包覆以防干燥

水分会从菜叶蒸发，因此应用报纸将整棵菜包住，再装入塑料袋，菜叶朝上，竖置于冰箱中保存。也可以煮硬之后切成小份，用保鲜膜包住冷冻。

预处理·烹调要点

焯水以去除涩味

菠菜涩味较强，建议迅速焯水后再烹调。注意焯水时间不可过长，捞出后用冷水冷却的时间也不可长。尽量迅速进行预处理，以防止维生素C流失。

B族维生素、蛋白质丰富的猪肉，与含有矿物质、食物纤维的菠菜是一组黄金搭档。猪肉煎菠菜便是一道营养无可挑剔的料理。

以从根到叶尖均水嫩者为佳

宜选择菜叶背面绿色深浓，菜梗挺直，从根到叶尖均水嫩者，勿买打蔫程度太甚，或菜叶皱褶过多者。菜梗粗1厘米左右者口感最好，根底部体积大，断面水嫩者较新鲜。

<颜色>

宜选择菜叶背面绿色鲜艳，菜梗挺直者。

<粗细>

菜梗富有弹性，以1厘米粗者为佳。

要点 **1**

切开根底部清洗

焯水之前，用刀在菠菜根部正中切开一个十字形并清洗，如此可彻底清除淤积在根部的污泥。

要点 **2**

从菜梗开始焯水

在大量热水中加入少许盐，按照先菜梗、后菜叶的顺序放入，使整棵菠菜得以均匀焯水。用水冷却时还应避免冷却时间过长。

要点 **3**

挤干水分后再切

用手握住整把菠菜，用手从根向叶的方向挤干水分。注意不可用力过猛，以免破坏蔬菜纤维。

芦笋

根据美味与营养选择，
绿色、白色、紫色芦笋

芦笋供食用的是嫩茎，养分在枝叶萌出之前便已汇集在茎部。19世纪80年代，芦笋刚被引入日本时，还是一种观赏植物，直到1871年，才开始在北海道将其作为蔬菜种植。

芦笋一般分为四大类。市面上出售的，是在种植过程中接受光照的"绿芦笋"。发芽之后填土种植，完全不接受光照的是"白芦笋"。"迷你芦笋"指切下的芦笋尖部。另外还有富含多酚的深紫色芦笋。

市面上曾经的主流品种是绿芦笋。但近年来的流行风向却发生了变化，人们认为绿芦笋在营养价值和口味上才更胜一筹。绿芦笋富含胡萝卜素和维生素C，芦笋尖含有大量天冬氨酸，这是一种氨基酸，能够促进能量代谢，有效缓解疲劳。同时，芦笋还含有参与造血的叶酸，建议贫血人群大量食用。白芦笋的营养价值虽不及绿芦笋，但其特有的甘、苦味道，使其被广泛用于各种料理，因此而得到全世界人们的喜爱。

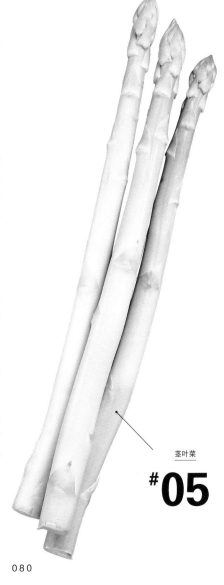

茎叶菜

#05

浅色蔬菜

【日本名】	【主要营养成分】
和兰独活、松叶独活、和兰雉隐	胡萝卜素、B族维生素、维生素C、维生素E
【英文名】 asparagus	
【科/属】	【主要产地】
天门冬科/天门冬属	北海道（3月中旬—7月上旬）
【原产地】	长野县（3月—9月下旬）
南欧～俄罗斯南部	佐贺县（3月—10月下旬）
【美味期】 4月—6月	长崎县（3月—7月）
	秋田县（9月—翌年2月下旬）

预处理·烹调要点

尽早焯水以防鲜度下降

芦笋不易保鲜，因此购入之后应尽快焯水。为了保持其完整的口感和外观，建议在焯水之前从根部向芦笋尖方向削去表皮。

放入加盐的沸水中焯水，注意从根底部开始，将芦笋横着放入热水。待其颜色变得鲜艳之后立即捞出，并放入冷水中。以此保持其颜色鲜艳。焯水后可以冷冻保存。

要点 **1**

削去表皮，切除根底

①用刀将芦笋鳞芽上的表皮削去。②切除根底，其附近的表皮用削皮器削去。

要点 **2**

坚硬的根底部先焯水

在沸水中加盐。根底部先入水，再横着将整棵芦笋放入水中。待颜色变得鲜艳之后即刻捞出。

保存方法

竖置保存以防受光及变干

芦笋受光便会继续生长，为免于此，应将其保存在冰箱蔬菜格或其他避光、阴凉处。用浸湿的厨房纸巾将芦笋卷起，可防止其变干。焯水之后可以冷冻保存。

鳞芽排列密集，表皮呈正三角形

应选择鳞芽笔直者。因为如果鳞芽发生弯曲，说明茎已变得又老又难嚼，甜味也已丧失。如果茎呈鲜绿色，粗细均匀，握在手中的感觉坚实且富有弹性，说明其品质优良。断面发干、空洞呈海绵状的芦笋已完全丧失口感。长度相当的芦笋，掂在手中感觉较重者更新鲜。

与其他蔬菜相比，芦笋的呼吸代谢水平更高，茎中的水分也更容易蒸发。因此，新鲜芦笋极易变质，建议及早食用。

<鳞芽>

鳞芽排列密集、紧实者为佳。芦笋尖的花苞未打开者较新鲜。选择时还应倾向于茎笔直者。

<断面>

宜选择断面水嫩者。断面空洞如海绵者口感差。

小松菜

霜打之后甜味增加
堪称冬季的风物诗

　　小松菜原产于中国，常用于腌制。自江户时代中期开始种植的本地品种，据说因种植在东京小松川（现江户川区）而得名。原本的时令是冬季，霜打之后，菜中的涩味被去除，甜味增加，菜叶变得又厚又软。

　　小松菜富含大量营养素，包括胡萝卜素、维生素C，以及铁、磷、食物纤维等。而钙的含量甚至是菠菜的3倍以上。

茎叶菜

#06

预处理·烹调要点

预处理 烹调要点
无须焯水，用油烹调

①无涩味，无须焯水便可直接烹调，适宜用油烹调或凉拌。菜梗应彻底洗净。②用油烹调可以加强胡萝卜素的吸收，但也会损失维生素C。

①　　②

保存方法

　　用浸湿的厨房纸巾包住根底的断面，再用报纸包裹或装入塑料袋，竖置于冰箱中冷藏。煮硬之后用保鲜膜分装冷冻，可以少量拿取使用。

蔬菜数据
黄绿色蔬菜

【日本名】	小松菜
【英文名】	komatsuna
【科/属】	十字花科/芸苔属
【原产地】	中国
【美味期】	11月—翌年2月
【主要营养成分】	
胡萝卜素、维生素C、钙、铁	
【主要产地】	
埼玉县/全年	
东京都/全年	
神奈川县/全年	
千叶县/全年	
大阪府/10月—翌年3月	

水菜

乐享独特的脆嫩口感

　　水菜是日本的特产蔬菜，自古以来便在京都种植，是著名的京蔬菜。水菜特点鲜明，菜叶纤长，叶缘遍布深深的锯齿痕。据说是在田地里的作物和作物之间引水栽培，因此而得名"水菜"，也称"京菜"。

　　近年来，日本各地全年都可买到水菜，但其真正的时令却是冬季。打霜之后，菜梗变得柔软，味道也更甜。原产于京都壬生附近的"壬生菜"，是水菜的变种。这是一种富含胡萝卜素、维生素C，以及钙、铁、食物纤维等营养素的蔬菜。

茎叶菜

#07

HOW TO CHOOSE
挑选要点

◎菜叶鲜绿、水嫩。
◎菜梗白且富有光泽，未见伤痕。

预处理·烹调要点

预处理 烹调要点
口感脆嫩，宜生食

①事先将根底浸泡在水中，可使水菜富有弹性。
②如需生食，可将其切成段，用盐轻轻揉搓使之变软。冬季采收的水菜偏硬，进行这一步处理很重要。

① 　②

保存方法

　　装入塑料袋，竖置于冰箱中冷藏。也可以先用报纸包住，再装入塑料袋中保存。水菜很容易失水，应尽量避免接触室外的空气，并保持叶尖的湿润。

蔬菜数据
浅色蔬菜

【日本名】	水菜（京菜）
【英文名】	mizuna
【科/属】	十字花科/芸苔属
【原产地】	日本
【美味期】	11月—翌年2月
【主要营养成分】	
胡萝卜素、维生素C、钙、铁	
【主要产地】	
茨城县/全年。时令为春、秋	
兵库县/全年	
京都府/全年	
埼玉县/全年	
福冈县/全年	

塌棵菜

冬季全能蔬菜
时令2月采收，甜味升级

塌棵菜原产于中国，据说20世纪40年代年传入日本。是晚秋至冬季的时令蔬菜。当气候变冷，塌棵菜便展开叶片，如覆住地面一般。植株变矮，成形。菜叶肥厚，有柔软皱缩，无涩味。因其无特殊味道，适合炒、煮、入汤。

塌棵菜的胡萝卜素，钙，维生素B1、B2、C含量丰富，是营养价值较高的黄绿色蔬菜。用油炒有助胡萝卜素的吸收。

茎叶菜

#08

预处理·烹调要点

预处理 烹调要点
用油烹调，吸收更佳

①用油炒过之后，胡萝卜素的吸收效率将进一步提高。②塌棵菜易熟，为保留适度口感，建议使用快炒。

①   ②

保存方法

用报纸包住整棵菜，装入塑料袋，竖置于冰箱中冷藏，如此可减少能量消耗。菜梗的断面可用沾湿的厨房纸巾或报纸包裹。

蔬菜数据
黄绿色蔬菜

【日本名】	搨菜、如月菜、瓢菜
【英文名】	ta cai
【科/属】	十字花科/芸薹属
【原产地】	中国
【美味期】	11月—翌年1月
【主要营养成分】	
胡萝卜素、B族维生素、钙、铁	
【主要产地】	
静冈县/全年	
兵库县/10月—翌年7月	
千叶县/11月—翌年2月	
长野县/5月下旬—10月	
大分县/3月—5月、9月—11月	

西芹

独特的香味
可缓解压力、愉悦心情

　　西芹的种植始于16世纪的意大利，将其带上餐桌的是17世纪的法国人。当时的日本人无法接受西芹浓郁的香味，直到无特殊味道的品种研发上市之后，西芹才真正进入寻常百姓的饮食生活。

　　早在古希腊时代，人们就已经知道洋芹苷、芹子烯具有缓解压力的作用。

茎叶菜

#09

◎茎坚实，筋紧实。
◎茎无变色。
◎菜叶新鲜未见枯萎。

预处理·烹调要点

预处理 烹调要点
烹调前在冷水中浸泡片刻

①用刀从西芹的一端开始，逐根剔去筋。②如需生食，可事先将茎和叶在冷水中浸泡片刻，使水分浸入整根西芹，以软化口感。如有剩余，也可做成香包。

保存方法

　　菜叶会吸收根的水分，因此保存时应将叶与茎切开，并将断面沾湿以防失水干燥。装入塑料袋再放入冰箱，可防受冻。

蔬菜数据
黄绿色蔬菜

【日本名】	和兰三叶
【英文名】	celery
【科/属】	伞形科/芹菜属
【原产地】	欧洲、亚洲西南部、印度
【美味期】	
日本产露地栽培2月—4月	
【主要营养成分】	
B族维生素、铁、食物纤维、胡萝卜素（含在叶中）	
【主要产地】	
长野县（5月—11月）	
静冈县（11月—翌年5月）	
福冈县（10月—翌年6月）	

鸭儿芹

沐浴着阳光成长的
根三叶、糸三叶
维生素含量特别丰富

原产于日本，人们亲切地称其为"报春的野菜"。因一根茎上长有三片菜叶，日语将其命名为"三叶"。

现在市场上出售的鸭儿芹一般分三类。从播种到采收，全程在水田中栽培者称"根三叶"；在水田中培育根株之后移入大棚进行避光栽培，切下根出售者称"切三叶"；在温室中接受日照，进行水耕栽培者称"糸三叶"。其中，糸三叶与根三叶所含的维生素特别丰富。

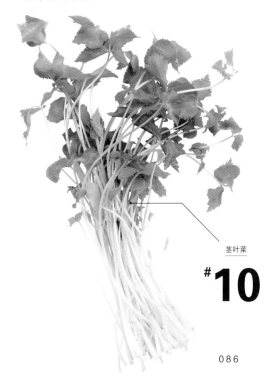

茎叶菜

#**10**

HOW TO CHOOSE
挑选要点

◎菜叶未见枯萎，且表面绿色鲜亮。
◎茎与梗笔直、有弹性。

预处理·烹调要点

预处理 烹调要点
烹调之前先补水，
焯水之后再刀切

①如需生食，或希望获得柔软的口感，可在切菜之前将其浸泡在水中片刻，为其补水。②用刀切下根部，用筷子夹住整捆菜，在沸水中迅速焯水，再泡入冷水中。

保存方法

用浸湿的报纸或厨房纸巾包住根部，放入冰箱蔬菜格冷藏。如能用报纸将整棵菜全部包住，则可防止受冻。也可迅速焯水之后冷冻保存，但会影响其风味。

蔬菜数据
黄绿色蔬菜

【日本名】三叶

【英文名】

japanese honewott、mitsuba

【科/属】伞形科/鸭儿芹属

【原产地】日本

【美味期】2月—3月

【主要营养成分】

胡萝卜素、钾、维生素C、铁

【主要产地】

千叶县/全年
爱知县/全年
茨城县/12月—翌年3月（大棚全年）
大分县（3月—5月）

水芹

原产日本，风味独特

　　早春时节，在水边或湿地上开始萌芽。进入夏季，枝头便开出白色小花。水芹是"春之七草"之一，有着早春植物的柔软和芬芳，根、茎、叶都可食用。水芹分水田栽培、旱田栽培两种，而野生在小河或泉水中的水芹可能有毒。

　　水芹含有胡萝卜素，维生素B、C等营养素，具有提振食欲、解毒等功效。此外，水芹还可以有效缓解神经痛、风湿病，因此被广泛用于民间药物。

茎叶菜

#**11**

◎菜叶呈鲜艳的绿色。
◎菜叶整体富有弹性。
◎菜叶直径1厘米左右。

预处理·烹调要点

**预处理 烹调要点
尽享芳香蔬菜特有的
独特香味**

①在碗里注水，着重清洗水芹根，但不可太过用力，以免伤害茎部。②在大量热水中放入少许盐，从茎开始入水焯。如果涩味较强，焯水后入冷水浸泡片刻即可去除。

①   ②

饮食手帐 — 蔬菜

保存方法

　　将根底切去少许，用浸湿的厨房纸巾或报纸松松包住以防失水。将整棵水芹装入塑料袋，或用报纸包住，竖置于冰箱中冷藏。塑料袋从水芹叶开始往下套，可全面防止失水。

蔬菜数据

黄绿色蔬菜

【日本名】	芹
【英文名】	water dropwort
【科/属】	伞形科/水芹属
【原产地】	日本
【美味期】	1月—2月
【主要营养成分】	
胡萝卜素、维生素C、钾、食物纤维	
【主要产地】	
茨城县/11月—翌年3月	
宫城县/9月—翌年4月	
大分县/3月—5月	
秋田县/除11月之外	
广岛县/9月—翌年4月	

西芹猕猴桃蓝莓冰沙

担忧蔬菜摄入不足的日常，

轻松制作一份冰沙，足量摄取蔬菜营养。

茎叶菜

RECIPES

蔬 菜 美 味 食 谱

材料（2人份：150毫升×2）

西芹……60克
猕猴桃……1个
蓝莓（冷冻）……50克
豆奶……½杯
砂糖……1大勺
柠檬汁……1小勺

做法

❶西芹剔去筋，切成大块。猕猴桃削皮，切成2厘米左右。

❷将冷冻蓝莓、西芹、猕猴桃依次放入食物料理机并搅成泥状。再放入豆奶、砂糖、柠檬汁，搅拌得更加柔滑。

❸倒入玻璃杯。

要点

冰冻蓝莓直接放入食物料理机中搅成泥状，如此便可得到一杯冰果昔。注意按照从硬到软的顺序，将食材放入食物料理机。

西芹鸭儿芹鸡胸肉沙拉

冬令蔬菜沙拉中渗透喷香的芝麻风味，
西芹、鸭儿芹、鸡胸肉和鸣的三重奏。

材料（2人份）

西芹……1把
鸭儿芹……¼把
鸡胸肉……2根
酒……1大勺
白芝麻……适量

[棒棒鸡调味汁]

白芝麻……2大勺
甜菜糖……1大勺
醋……1大勺
芝麻油……⅓大勺
酱油……2大勺
蒸鸡胸肉汁

做法

❶鸡胸肉剔去筋，放入耐热容器，淋上酒，用保鲜膜覆住，放入微波炉中加热1分30秒，翻面后继续加热1分30秒，取出冷却。用手将鸡胸肉撕成适合入口的大小。将加热时流出的肉汁倒入调味汁中备用。

❷西芹迅速焯水后，切成3～4厘米长。

❸水菜切成3～4厘米长。

❹顺时针搅动棒棒鸡调味汁。

❺将步骤❶的鸡胸肉与❷、❸混合，开始食用前调入调味汁，按照自己的喜好撒上白芝麻。

要点

将西芹焯水后迅速浸入冰水中，可保持西芹爽脆的口感。

葱

风味随着寒意渐浓而加深，是历史悠久的传统健康蔬菜

在日本最早的正史《日本书纪》中，已有关于葱的记述，可见其历史之悠久。葱可分两大类：一类是根深葱，主要食用葱白，多产于东日本；另一类是细叶葱，主要食用葱绿，多产于西日本。

葱具有很高的食疗价值，民间流传着用葱煮水治疗感冒的疗法。葱还有着非常独特的香味，在古代日本，人们甚至将葱（ネギ）直接称为"キ"（臭气）。这种气味与大蒜、洋葱一样，都来自大蒜素。大蒜素与维生素B1联手，可以达到缓解疲劳，改善糖尿病的功效。此外，细叶葱与根深葱的葱绿部分位列黄绿色蔬菜，除大量的胡萝卜素之外，还含有钙、维生素K等营养素。

根深葱、细叶葱全年可在市面上购买，而根深葱因种植在严寒时节的低温环境中，糖分和果胶，甜度和风味都更胜一筹。

茎叶菜

#12

蔬菜数据
浅色蔬菜

（葱绿部分为黄绿色蔬菜）

【日本名】 葱、一文字	【主要产地】
【英文名】 welsh onion	千叶县/全年
【科/属】 百合科/葱属	埼玉县/全年
【原产地】 西伯利亚、阿尔泰地区	茨城县/全年
【美味期】 12月—翌年1月	北海道/6月—9月下旬
【主要营养成分】	群马县/全年
B族维生素、维生素C、食物纤维、胡萝卜素（葱绿部分）	

预处理·烹调要点

万能的冬令蔬菜，百搭的调味佳品

　　将葱洗净，切去根。如用作调味料，可以切碎后在水中浸泡片刻，以适当去除辣味。

　　葱具有独特的味道，可有效去除鱼、肉腥味，用作调味料还可增进食欲。因其具有促进维生素B1吸收的功效，与猪肉搭配食用，有助于消除疲劳。此外，还可以用于炒菜、什锦天妇罗、味噌汤等。

要点 ①

根据用途使用葱白和葱绿

葱白部分属于浅色蔬菜，葱绿部分则属于黄绿色蔬菜，二者可为人体提供不同的营养。

要点 ②

加热烹调，激发出其中的甘甜

生葱具有强烈的辣味，通过炒或煮，会变得更甜。辣味极其独特的香味来自硫丙烯成分。

保存方法

切碎后冷冻，以便随时取用

　　用浸湿的报纸包住，再用保鲜膜卷起，或装入塑料袋，竖置于冰箱中保存。切成丁或切成末，在水中浸泡片刻后控干水分，装入密封罐冷冻，即可随时取用。

葱白、葱绿颜色对比分明

　　用手指触摸葱白部分，感觉松软者，说明其内部肌理已经松弛，而感觉硬且紧致者则内部紧实。建议选择表面水嫩且有光泽，从根到叶尖部都富有弹性，葱白、葱绿颜色对比分明者。

　　仔细检查根底部的切面，如果葱白松散成若干层，说明品质不佳，不宜购买。

<硬度>

用手指触摸葱白部分，如感觉紧致，说明内部肌理紧实，口味佳。

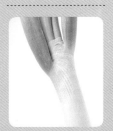

<颜色>

葱白、葱绿颜色对比分明，表面水嫩，整棵葱都富有光泽者品质较佳。

饮食手帐 —— 蔬菜

#02
葱

葱 家 族 成 员

家族成员 ❶

叶葱（万能）

[上市时间] 全年

[特性]

正式名称为"博多万能葱"，在细叶葱尚幼时即采收，以福冈产的最为知名。葱叶呈鲜艳的深绿色，口感柔软。生葱可用于日式、西式、中式等各种料理，因此被冠以"万能"之名。

[食用建议]

切成葱花，撒在面、盖浇饭、火锅、沙拉中，起着装点菜品的作用。

家族成员 ❷

浅葱

[上市时间] 入秋—冬

[特性]

原产日本，别名"系葱"，一般食用其细嫩的葱绿，以及白色的茎部。辣味比分葱强，比根深葱弱。钙含量是菠菜的2倍左右，主要用作调味料。

[食用建议]

辣味、香气细腻，可用作面食的调味料。放入鱼、肉料理，既可去除腥味，又可起到杀菌的作用。

家族成员 ❸

下仁田葱

[上市时间] 11月—12月

群马县下仁町的特产，别名"殿样葱"。葱白长约20厘米左右，外形粗短，口感柔软，口味佳。生食稍辣，一般建议烹调后食用。

[食用建议]

口感柔软，适合烤、炒、炸、烫火锅、入汤等。

家族成员 ❹

韭葱

[上市时间] 日本产主要为冬季

[特性]

原产于地中海沿岸，也被称为西洋葱。葱叶较硬，不宜食用，因此一般食用短短的葱白部分。煮后口感柔软，味清香、甘甜。

[食用建议]

是炒菜、汤菜、煮菜、烤菜的绝好配菜。与贝类、鱼贝类搭配，还可使料理的鲜美度升级。

家族成员 ❺

细叶葱（分葱）

[上市时间] 基本全年

[特性]

葱与洋葱的杂交品种，主要在
西日本地区种植。从根到叶尖
都口感柔软，焯水之后即可整
棵食用。生葱用作调味料可加
强维生素C的摄取，油炒之后
则可充分吸收胡萝卜素。

[食用建议]

切碎后放入火锅，或撒在面条
上食用。与长葱或红叶生菜一
起，用芝麻油做成凉拌菜也很
美味。

家族成员 ❻

红葱

[上市时间] 11月—翌年1月

[特性]

叶柄呈紫红色，但剥去表皮之
后，内部仍是白色。辣味浅，
含多酚，是利于健康的食材，
是追求养生的人士的健康之
选，近年来的市场需求量持续
增加。

[食用建议]

辣味浅，因此适合生食。将红
葱、鲣节、味噌、砂糖搅拌均
匀，浇在米饭上食用，可获得
极致美味。

家族成员 ❼

芽葱

[上市时间] 基本全年

[特性]

芽葱并非品种名称，而是来自
栽培方法的命名。是将种子密
集地播撒在田中，当其发芽并
长至7～8厘米时采下来的
嫩芽。芽葱通体呈美丽的黄绿
色，且体态柔软。多种植在关东
地区，以东京和琦玉为主。

[食用建议]

与醋饭调在一起，直接用海苔
卷起，蘸着酱油食用。也可以
与金枪鱼中腹或沙丁鱼一起卷
海苔食用。

家族成员 ❽

京丸姬葱

[上市时间] 基本全年

[特性]

比浅葱更细，主要采用水耕栽
培，因无特殊味道，适用于搭
配任何料理而受食客欢迎。其
外观纤细，姿态优雅，主要用
于制作日式料理的配菜，或用
于点缀菜品。

[食用建议]

外形纤细，口感细腻。生葱适
合放入汤菜，用作生鱼片的配
菜，或寿司的馅料均可。最适
合搭配日料。

洋葱

具有疏通血管的功效，
在预防各种疾病方面值得期待

　　洋葱正式在日本开始栽培，始于明治时代。近年来，新采收的洋葱在每年4月—6月上市，但其原本的时令则是冬季。日本大量种植的黄洋葱具有良好的耐储藏性，一年四季都可在市场上见到其身影。除此之外，辣味和香气都较柔和的还有红洋葱，适合生食。将洋葱切开，即可对其成熟程度一目了然。如果从洋葱芯发出的黄色新芽长出表层，说明营养物质已转移到顶部，其味道也更辣。建议尽早食用完毕，以免风味丧失。

　　切洋葱时容易将眼睛刺激得流泪，这是因为洋葱中所含的芳香成分硫丙烯会挥发出刺激性气味。将洋葱在冷水中浸泡后，用锋利的菜刀迅速地切，可缓解其对眼睛的刺激。硫丙烯是葱类蔬菜共有的芳香成分，具有强化维生素B1的吸收，促进新陈代谢的功效。此外，多食洋葱还可以促进血液循环，预防动脉硬化、糖尿病、脑血栓、高血压等疾病。

茎叶菜

#13

蔬菜数据

浅色蔬菜

【日本名】	玉葱	【主要产地】
【英文名】	onion	北海道/8月上旬—9月下旬
【科/属】	百合科/葱属	佐贺县/4月—5月
【原产地】	中亚、西亚等众说纷纭	兵库县/全年
【美味期】	12月—翌年1月	爱知县/1月—7月
【主要营养成分】	糖分、	长崎县/3月下旬—6月上、中旬
	B族维生素、维生素C、钾	

宜选择顶部
触感坚硬者

洋葱一般从顶部开始变质。顶部紧实、坚硬，说明较为新鲜。同时，应确保洋葱未长芽。表面的薄皮干燥且有光泽，呈现通透的褐色者品质佳。

预处理·烹调要点

在水中浸泡片刻，
以去除辣味

将洋葱切成片，在水中浸泡片刻可缓解其辣味。切洋葱时所产生的催泪成分来自硫丙烯，在水中浸泡或冷藏片刻即可减轻其刺激性。

洋葱适合炖煮、炒、拌沙拉等各种烹调。加热烹调激发出洋葱的甘甜及美味，因此也适合与大蒜同炒，制成酱汁。

要点 ❶

切之前冷藏片刻

将撕去表皮的洋葱用保鲜膜包紧后冷藏片刻，可减轻硫丙烯的刺激性。

要点 ❷

顺着纤维切

顺着洋葱的纤维切薄片，可获得脆脆的口感；而在切薄片时切断纤维，则可使口感变得柔软 (右)。

<硬度>

顶部坚硬者品质佳。如洋葱长芽，说明新鲜度较差。

<须根周围>

观察须根周围是否腐烂，表皮是否干燥。

保存方法

装入网袋，避光保存

必须保存在通风良好处。装入网袋，在避光处晾干。如已切开，可用保鲜膜包裹，放入冰箱冷藏。此外，将洋葱炒至金黄色之后，用保鲜膜分装成小份冷冻，也可便于随时取用。

<颜色>

整体形状圆润且接近圆形，表皮呈通透的褐色者品质佳。同样大小的洋葱，宜选择分量较大者。

饮食手帐 —— 蔬菜

大蒜

功效强劲，病毒克星

大蒜原产于中亚，公元前2世纪传入中国。虽然大蒜早在平安时代便经由朝鲜半岛登陆日本，但日本人大量食用大蒜，始于第二次世界大战之后。

日本大蒜基本都产自青森，以白色的六瓣蒜、壹州早生等品种的种植量最大。供食用的一般为肥大的地下茎，此外还有青蒜和蒜梗，前者食用其嫩叶，后者食用其嫩茎。

大量的维生素B1，使大蒜成为著名的体力补给源，与散发强烈刺激性气味及辛辣味的硫丙烯结合，生成蒜硫胺素，有助强化维生素B1的吸收。加热烹调之后，大蒜中的蒜氨酸酶失去活性，转化为独特的香味，并逐渐释放出甘甜。同时，大蒜还具有强效杀菌力，对祛除感冒病毒有一定作用。此外，还具有健全消化功能，促进血液循环的作用。大蒜中含有大量硫黄、磷，对恢复疲劳、滋养身体、强壮体质都具有卓越的功效。

茎叶菜

#14

蔬菜数据

浅色蔬菜

【日本名】大蒜、蒜	【主要产地】
【英文名】garlic	青森县/6月下旬—7月中旬
【科/属】百合科葱属	香川县/4月—7月
【原产地】中亚	岩手县/7月—8月
【美味期】11月—12月	德岛县/5月中旬—6月
【主要营养成分】	和歌山县/4月下旬—5月中旬
碳水化合物、蛋白质、维生素B1、磷	

预处理·烹调要点

以独特香味为料理提味

坐锅加热之后，将大蒜末放入炒，大蒜香就会转移到油中，从而为其他食材添加风味。大蒜容易焦，因此宜用小火充分加热。利用食物料理机，可加工出不同粗细的蒜末，撒在半烤鲣鱼、牛排等料理上。

此外，生大蒜具有强烈的刺激性气味，加热烹调之后则转化为醇厚、柔和的口味。除作为调味料之外，还可通过蒸或腌大蒜的方式，品尝其本身的美味。

要点 ❶

制作蒜油

将蒜末在油中腌渍2～3天即成。如此可免去每次切蒜末的麻烦，再通过油炒，将香味转移到油中的过程。还可以放入少量辣椒。

要点 ❷

如有剩余，可腌渍存放

①剥去蒜皮，蒸3～4分钟，或用微波炉加热。②在加入砂糖的酱油中腌渍。也可以尝试用蜂蜜、味噌、梅子加以腌渍。

保存方法

保持干燥加以保存

保持买回时的状态，保存在通风良好处，每次按需取用。大蒜不耐潮湿，不可

冷藏，可以装入网袋，吊挂保存。

宜选择表皮白、干燥、颗粒大者

观察大蒜底部，感觉手感坚实且干燥者品质佳。但如果过于干燥，甚至出现裂缝，则不宜购买。虽然人们多推崇六瓣蒜，但也不能一概而论。还是应该选择每瓣蒜大小均匀者。

不可挑选发芽或表面变色的大蒜。

<底部>

检查大蒜的底部，如果手感坚实且干燥，说明保存方法得当。

<整体>

从顶部往下看，如果每片蒜瓣的弧度均匀，说明味道也不错，也更易于烹调。

饮食手帐 —— 蔬菜

阳荷

芳香植物、夏令蔬菜，
香味具有多重功效

阳荷原产于东亚，从本州到冲绳，日本各地都生长着这种芳香植物。只有日本将阳荷作为蔬菜种植，主要食用从地下茎长出的穗状花序。阳荷是夏季的时令蔬菜，6月—8月的夏阳荷植株较小，8月—10月的秋阳荷植株膨大，颜色鲜艳。

仅让阳荷的嫩茎接受少许光照，从而带上红色的阳荷称阳荷竹，仍然作为芳香蔬菜使用。

阳荷的香气来自一种名为α-蒎烯的成分，它可以增进食欲、促进血行及发汗等。虽然有"食之易健忘"的说法，但从营养学上来说，阳荷并不含有致健忘的成分。相反的，芳香成分还具有增强注意力的作用，这一点已经得到了证实。

东京都文京区有一处地名为茗荷谷（阳荷的日本名为"茗荷"），因此地直到江户时代都大力种植阳荷而得名。

茎叶菜

#15

浅色蔬菜

【日本名】茗荷	【主要产地】
【英文名】japanese ginger	宫城县/2月—7月。旺季为6月
【科/属】姜科姜属	京都府/京阳荷4月—5月
【原产地】东亚、日本	〈别名阳荷竹〉:
【美味期】	阳荷花: 7月—10月
初上市为6月前后	山形县/8月下旬—10月
【主要营养成分】	茨城县/4月—5月、9月—10月
钾、B族维生素、钙、食物纤维	岩手县/9月—10月

预处理·烹调要点

在冷水中浸泡片刻，
使口感更佳

阳荷是一种以生食为主的芳香蔬菜，一般用甜醋腌渍或用作调味料。

阳荷不耐存放，其花芽和黄色的芯发出时间比其他蔬菜更早。一旦发芽，便有损其风味，此时建议摘去芽再使用。为了获得良好口感，可在刀切之后先在冷水中浸泡片刻，但如果浸泡时间太长，反而会破坏其风味。

要点 ❶

放在盆中清洗

阳荷中多有泥沙淤积，纵向切开之后，放在装满水的盆中漂洗，可洗净淤泥。

要点 ❷

用于盛放食材

将阳荷逐瓣剥下当作"碟子"，盛放海胆羹、鱼子或奶油奶酪等食材。

保存方法

买回后尽早食用

阳荷易变质，因此买回后应尽早食用。如需保存，可用浸湿的厨房纸巾或报纸包裹，或者用喷壶对阳荷喷水，并装入塑料袋，放入冰箱冷藏。一般可以保存3天。装入密封罐冷冻亦可。会略变为紫红色，但不影响香味。

检查果实的紧实度

整体丰满，外形圆润，果实紧实，看起来富有弹性者品质佳。断面、尖部变为褐色，呈半透明状态者，说明已不再新鲜。

此外，开花的阳荷风味差，不宜购买。超市中出售的一般是鲜红色的阳荷，而产地直销的，则带土或表面带绿色的阳荷，选购方法相同。表面的颜色与新鲜程度无关。

<整体>

整体丰满，富有弹性者品质佳。建议选择茎部带绿色者。

<叶>

阳荷是容易变质的蔬菜，而且先从茎和尖部开始，选购时应多加注意。

饮食手帐 — 蔬菜

韭菜

营养满分！
人称"起阳草"

据说韭菜原产于东亚，后从中国传入日本。《古事记》《万叶集》中均有记载，自古以来便作为药草使用。韭菜富含胡萝卜素及维生素B2、C，钙、钾的含量也很丰富，是一种可以增强体力的蔬菜。

近年来市面上出售的韭菜，绝大部分是一种名为绿带（grren belt）的品种。韭菜可分宽叶、细叶两种，前者菜叶宽、口感软、品质优，后者菜叶细，不易变质。

茎叶菜

#16

HOW TO CHOOSE
挑选要点

◎外观呈鲜绿色
◎两端无发蔫
◎断面新鲜、水嫩

预处理·烹调要点

含B族维生素，可与其他食材搭配出绝佳效果

①根底部因芳香成分作用强而较为美味，切去1厘米左右即可。②为避免下锅煮时散开，可以用鱼线将韭菜束起，如此也方便切得更齐整。注意煮的时间不要太长，以免风味流失。

保存方法

用浸湿的厨房纸巾或报纸包住根底部的切口，再装入塑料袋，竖置于冰箱中冷藏。韭菜容易失水和变质，应将收塑料袋从根底向叶尖方向套入，尽量避免接触外部空气。

蔬菜数据
黄绿色蔬菜

【日本名】	韭、二文字
【英文名】	chinese chive
【科/属】	百合科/葱属
【原产地】	东亚、阿尔泰地区
【美味期】	2月—3月

【主要营养成分】

胡萝卜素、维生素B2、维生素C、钙

【主要产地】

高知县/全年、栃木县/全年、宫崎县/10月—翌年5月上旬、8月中旬—11月中旬

芝麻菜

克利奥帕特拉的美容食品
强效美容的香草

芝麻菜既是一种香草，也是一种蔬菜嫩叶，近年来人气不断攀升。据说起源于罗马帝国时代，但普遍种植则始于20世纪90年代。芝麻菜中维生素C含量是菠菜的4倍，钙含量是甜椒的30倍，而铁含量则与莫洛海芽齐肩。它还具有超强的美容功效，传说是埃及艳后克利奥帕特拉的美容食品。

芝麻菜一般采用水耕栽培，仅秋冬季才会培育至与菠菜相当的高度。露地栽培的芝麻菜带有强烈香味，也会在市面上出现。

茎叶菜

#17

HOW TO CHOOSE
挑选要点
!

◎菜叶未发蔫
◎有光泽、有弹性

预处理·烹调要点

与番茄、芝士搭配，
拌出色彩鲜艳的沙拉

适合与大蒜、乳制品、番茄等食材搭配。简易沙拉的做法如下：①将芝麻菜按照适当大小摘下。②将芝士、番茄切成适当大小，加入盐、胡椒、橄榄油拌匀，放入①。

②   ①

保存方法

带根买回的芝麻菜，连根一起可保存数天。用浸湿的报纸或厨房纸巾包起，再装入塑料袋保存。在空瓶中装满水，将根浸泡其中，可保存更长时间。

蔬菜数据
黄绿色蔬菜

【日本名】	黄花萝卜
【英文名】	rocket salad
【科/属】	十字花科/芝麻菜属
【原产地】	地中海沿岸
【美味期】	11月—12月
【主要营养成分】	

维生素C、维生素E、钙、铁

【主要产地】

熊本县/全年、埼玉县/全年、福冈县/除夏季外、千叶县/全年、静冈县/全年

茎叶菜

莫洛海芽

头顶"国王的蔬菜"的光环，蕴含强劲的生命力

莫洛海芽在阿拉伯语中有"国王的蔬菜"之意。在埃及的栽培历史已逾5000年，是一种生命力极强的蔬菜。

相比其历史，更值得关注的是其营养价值。莫洛海芽含有大量胡萝卜素，维生素C、B1、B2、E，以及钙、锰、钾等。其中胡萝卜素含量之高，是蔬菜中的翘楚。此外，将莫洛海芽切碎或煮过之后，还会流出黏乎乎的黏蛋白，可以促进蛋白质的消化，以及保护消化道黏膜。

茎叶菜

#**18**

HOW TO CHOOSE
挑选要点

❶

◎菜叶深绿，有弹性、有光泽。
◎茎部断面水嫩。

预处理·烹调要点

**大量焯水，
一次性冷冻保存**

春季蔬菜都不易保存，建议一次性焯水后全部用完，或冷冻保存。焯水之后，在冷水中浸泡片刻以去除涩味，并锁住青翠的菜色。①在大量热水中加入盐，迅速焯水。②在冷水中浸泡片刻，置于笊篱上冷却。如此可去除涩味，并保持菜叶青翠。

①   ②

保存方法

将茎在水中浸湿，装入塑料袋冷藏。不可久放，建议一两天内使用完毕。焯水之后在冷水中浸泡片刻，去除涩味之后，沥干水分并切碎，也可冷冻保存。

蔬菜数据

浅色蔬菜

【日本名】	缟网麻	【主要产地】
【英文名】	jew's marrow	群马县/5月—10月下旬
【科/属】	椴树科/黄麻属	三重县/6月中旬—8月
【原产地】	印度、埃及	福岛县/6月上旬—7月
【美味期】	6月—8月	8月下旬—9月下旬
【主要营养成分】		佐贺县/5月—8月
胡萝卜素、B族维生素、维生素E、钙		宫城县/7月—9月
		兵库县/7月—9月

笋

鲜度为上，
可享其鲜香及柔软口感

笋是春天的竹子的地下茎长出地面的部分，可以食用。原产于中国，在日本的《古事记》中也有记载，可见日本古代人对笋也并不陌生。至江户时代，人们便开始广泛食用。孟宗竹之笋在人们的食用笋中占据大半，其涩味浅，笋肉肥厚，口感柔软。此外，可供食用的还有桂竹、淡竹、千岛箬竹等。

笋在切开时会出现若干白色粉末，这是一种名为酪氨酸的氨基酸。近年来，因其具有激活大脑的功效而备受关注。

茎叶菜

#**19**

HOW TO CHOOSE
挑选要点

!

◎笋尖呈浅绿色。
◎未变为绿色。
◎切口水嫩。

预处理·烹调要点

买回之后立即焯水
以保新鲜

①在笋尖部斜切一刀，竖向切入，与泡过大量大米的淘米水（或米糠水）、辣椒一起，在水中煮1个小时左右。
②捞出后冷却，剥去笋皮。煮水之后泡在水中保存。

保存方法

笋一旦不再新鲜，就会有苦味，因此买回之后应马上水煮。煮过之后，泡在水中冷藏保存。从煮过的笋中也会有涩味析出，因此要求勤换水，并在4～5日内吃完。

蔬菜数据

浅色蔬菜

【日本名】	筍、竹之子
【英文名】	bamboo shoot
【科/属】	禾本科/刚竹属（孟宗竹）
【原产地】	西南亚、印度
【美味期】	4月—5月
【主要营养成分】	
蛋白质、钾、B族维生素、食物纤维	
【主要产地】	
福冈县（2月—3月下旬）、京都府（3月—5月）、熊本县（12月上旬—5月上旬、德岛县（12月上旬—4月下旬）、岛根县（3月下旬—4月）	

饮食手帐 — 蔬菜

油菜花

花苞的营养，花茎的甘甜，都是时令蔬菜对人类的馈赠

开黄色花朵，供食用的十字花科的花苞统称油菜花，小松菜、水菜、白菜、青梗菜都在此列。一般在市面上出售的，是对油菜花进行品种改良之后所得，可用于观赏的植物。商家会将茎连花苞一同剪下，扎成束出售。虽然一年四季均可购买，但其时令仍然是早春。

口感柔软的油菜花苞中，含有大量营养素。其中包括具有抗氧化作用的胡萝卜素、维生素C，食物纤维含量也较大。

茎叶菜

#**20**

HOW TO CHOOSE
挑选要点
!

◎花苞小巧、紧致。
◎茎的断面水嫩。

预处理·烹调要点

迅速焯水以去除涩味、保持风味

①在沸水中加入盐，迅速焯水。待颜色变得鲜艳时马上捞起。②用大量流动水迅速冷却，以保持鲜艳的颜色。

①   ②

保存方法

买回后立即水煮将其定型，如此可保持其新鲜度。然后用力拧干水分，用保鲜膜包住，可冷藏2～3天。如果只存放一两天，可以装入塑料袋或用报纸包住，竖置于冰箱蔬菜格中。

蔬菜数据
黄绿色蔬菜

【日本名】	花菜、油菜、菜种
【英文名】	rape blossoms
【科/属】	十字花科/芸苔属
【原产地】	地中海沿岸、欧洲、中亚
【美味期】	3月—4月
【主要营养成分】	
胡萝卜素、维生素C、铁、叶酸	
【主要产地】	
三重县（9月下旬—3月下旬）、福冈县（10月—3月下旬）	

茎叶菜

蜂斗菜

独特的微苦味道，
是春天造访的信号

原产于日本，是一种产量很小的蔬菜。在朝鲜半岛和中国都有分布，公元10世纪左右才作为蔬菜开始在日本种植。野生蜂斗菜至今仍可在北海道至冲绳的山林中找到。

还有一种说法，由于蜂斗菜（日语：ふき）在冬天会开黄色花朵，人们便利用遍布的"冬黄（日语：ふゆき）"的谐音为其命名。

蜂斗菜的含水量达到95%，营养价值相对较低，但我们可以享用其脆嫩的口感，以及微微的苦味。这种独特的苦味可以缓解咽炎、调节胃肠。菜叶展开之前，会从根茎处长出蜂斗菜花茎，是适合凉拌的食材。

茎叶菜

#21

HOW TO CHOOSE
挑选要点

◎叶柄鲜艳。
◎褐色覆盖面小。
◎茎部有弹性且水嫩。

预处理·烹调要点

焯水之后可以
将筋完整剔除

①焯水之前，将菜铺在砧板上，撒上大量粗盐，用双手来回搓，可使菜叶颜色更鲜艳。②焯水后用流动水冷却，便于用刀尖将茎上的筋完整剔除。

①   ②

保存方法

蜂斗菜不易保鲜，可以将茎和叶切分开，焯水后剥去表皮，再放入装水的密封罐中冷藏保存。

蔬菜数据
浅色蔬菜

【日本名】	蕗
【英文名】	butterbur
【科/属】	菊科/蜂斗菜属
【原产地】	日本
【美味期】	3月—4月

【主要营养成分】

维生素C、钾、钙、食物纤维

【主要产地】

爱知县（10月—翌年5月）、群马县（大棚：3月下旬—5月上旬露地：5月—6月下旬）、大阪府（10月—翌年7月、3月—5月为旺季）、德岛县（11月—翌年7月）、福冈县（3月—5月）

饮食手帐 — 蔬菜

西兰花

提高免疫力，
入冬更美味的黄绿色蔬菜

　　西兰花是地中海到大西洋沿岸野生甘蓝的变种，食用其尚未膨大的花苞与茎。西兰花在意大利普及并传入日本是在明治初期，但人气走高却是在二战之后。西兰花中胡萝卜素和维生素C的含量是甘蓝的4倍，近年来以其高营养价值获得了人们的关注。

　　西兰花一般呈深绿色，近年来还培育出了紫色、橘色等各种品种。此外，还有茎部较长的长茎西兰花。

茎叶菜

#22

预处理·烹调要点

为免营养流失，
焯水不可超5分钟

①切成小朵，将茎与花苞切分。在开水中放入盐，按照先茎后花苞的顺序放入焯水。待花苞颜色变得鲜艳之后迅速捞起。②除了焯水之外，还可以利用蒸煮减少营养流失。

保存方法

　　将每一个侧枝上的花苞连茎切下，焯水定型之后，放入密封性强的塑料袋，冷藏可保存2～3个月，冷冻可保存1个月左右。

蔬菜数据
黄绿色蔬菜

【日本名】	芽花椰菜
【英文名】	broccoli
【科/属】	十字花科/芸苔属
【原产地】	地中海沿岸
【美味期】	10月—翌年2月

【主要营养成分】

胡萝卜素、维生素C、钾、铁

【主要产地】

爱知县/11月—翌年5月、北海道/6月上旬—11月上旬、埼玉县/4月—6月、10月中旬—3月、长野县/6月—10月、福岛县/5月—6月、9月—10月

花椰菜

以丰富的维生素C,
助力女士美肤

据说花椰菜是由西兰花变异而来,与发源于地中海沿岸地区的甘蓝属于同类。明治时代初期传入日本,正式栽培则是在第二次世界大战之后。花椰菜多为白色,近年来也有橘色、紫色、绿色品种相继出现。

花椰菜含有大量维生素C,有利于美肤及提高免疫力,即使加热烹调也不容易造成营养流失。茎部也含有丰富的维生素C,建议完整食用。

23

预处理·烹调要点

焯水时加入柠檬,可使其变得雪白

①首先切去花椰菜主茎周围的菜叶,将花苞切成小朵。②锅中烧满水,焯水时加入柠檬或滴入柠檬汁,可使其变得雪白。放入面粉,还可使其变得蓬松。

① ②

保存方法

用浸湿的厨房纸巾覆住切面,再用保鲜膜包起冷藏保存。焯水之后可放入塑料袋冷冻或冷藏保存。

蔬菜数据
浅色蔬菜

【日本名】	花椰菜
【英文名】	cauliflower
【科/属】	十字花科/芸苔属
【原产地】	地中海沿岸
【美味期】	11月—翌年1月
【主要营养成分】	糖分、B族维生素、维生素C、食物纤维
【主要产地】	德岛县/10月—翌年5月、爱知县/11月—翌年3月、茨城县/11月—12月、5月—6月、长野县/6月—10月、福冈县/10月—翌年5月

竹笋肉米饭（点缀油菜花）

用春天的应季蔬菜生竹笋，做一份肉米饭。

3分精米最合适，白米亦美味。

材料（2人份）

笋……120克

A ┌ 酱油……3大勺
 └ 纯米酒……1大勺

油菜花……4根

3分精米

或白米……2合（360克）

油炸豆腐……½块

做法

❶ 笋切丝，用A腌一下。将油菜花在加盐的热水中焯好备用。

❷ 将米洗净，在水中泡1个小时左右。

❸ 将热水浇在油炸豆腐上，去除多余油分，横向对半切开，再切成1厘米宽。

❹ 将米沥干水，倒入电饭煲。倒入步骤❶的腌渍汁和2合（360克）水，将笋丝、油豆腐丝盖在米上，开始煮饭。

❺ 煮好之后，将米饭与各种食材大致搅拌一下盛出，缀上油菜花。

要点

事先用调味料腌渍笋丝的目的，是让腌渍汁中与笋丝的风味互相渗透，获得双重美味。笋丝可以腌渍2个小时～一整晚。

茎叶菜

RECIPES

蔬 菜 美 味 食 谱

花椰菜香橙芝士蛋糕

烤一块健康的芝士蛋糕, 吃一口满满的花椰菜泥。

材料 (6个直径6厘米的活底蛋糕模的量)

生花椰菜……130克
(加热搅成泥后100克)
硬饼干……60克
无盐黄油……40克
奶油奶酪……150克
糖粉……3大勺
鸡蛋……1个
酸奶……2大勺
香橙……1个
(切一片香橙以备装饰。半个榨汁, 半个只取香橙肉并切成1厘米的方块)
柠檬汁……2小勺
生奶油……25毫升
装饰用花椰菜……适量

做法

❶用铝箔做成蛋糕模底。

❷将饼干在食物料理机中打碎, 并与黄油混合, 敷在蛋糕模底上。

❸从花椰菜中切下一朵作为装饰, 其余的切去茎, 分成小朵, 放入食物料理机中搅拌成泥。

❹将奶油奶酪倒入大碗中, 加入糖粉并搅匀。按照鸡蛋、酸奶、半个香橙汁、柠檬汁、生奶油、步骤❸的花椰菜、香橙肉的顺序先后放入碗中, 搅拌均匀。

❺将搅拌好的食材倒入步骤❶的模具, 将装饰用花椰菜切成薄片, 与香橙片一起放在面上, 送入200℃的烤箱烤制10分钟, 将烤箱温度降至160℃, 再烤制20分钟。其间如果要使蛋糕带上焦色, 剩余的10分钟可以覆上铝箔再烤制。

❻冷却至一定程度之后, 放入冰箱冷藏、脱模。

要点

如果没有食物料理机, 敷在模具底的饼干也可以装在塑料袋中, 用擀面杖碾碎使用。可以用长柄勺舀着搅拌好的食材倒入模具。将花椰菜和香橙片作为装饰配菜使用。

刀法改变着蔬菜的颜值及口感

详解"迷人的刀法"

切蔬菜的刀法，不仅影响蔬菜的颜值，还能全面改变其口感和味道。
只有掌握各种刀法，才能"因材施刀"。

弧形切

将圆形的蔬菜对半切开，再从中央出发，向四周辐射状切成若干等分。

对象蔬菜

番茄、洋葱、甘蓝、
南瓜、芜菁

滚刀

将圆形或圆筒形的蔬菜从正中间对半切开，切口朝下，再次对半切开。

对象蔬菜

土豆、芜菁、葱
甘蓝、南瓜、芜菁

切丁

将蔬菜切成正方体小块。

对象蔬菜
南瓜

不规则切

将食材切成不规则的形状。条状的蔬菜边旋转边切。形状虽可以不同，但切下的大小应尽量接近。

对象蔬菜
番薯、茄子、黄瓜、
莲藕、甜椒

切块

不拘于特定形状，将食材切成大块。多用于切肉、鱼。

对象蔬菜
芦笋、葱、油菜花

切大块

将甘蓝等青菜切成3～4厘米长，适合炒菜或烫火锅。

对象蔬菜
生菜、白菜、鸭儿芹、
菠菜、番茄

⑦ 圆片切

将条状或圆形的蔬菜从其中一端垂直切入，切成一定厚度。厚度视具体料理而定。

对象蔬菜

番茄、甜椒、莲藕、
洋葱、苦瓜、芋头

⑨ 十字切

将切面为圆形的蔬菜竖向十字切。切片后状如银杏叶。

对象蔬菜

笋、胡萝卜、
白萝卜、土豆

⑧ 半月切

将圆柱形的蔬菜竖向对半切开，切口朝下，从边缘开始垂直切成一定厚度的蔬菜片。

对象蔬菜

番薯、笋、白萝卜、
芜菁、玉米、苦瓜

⑩ 小口切

从横截面为圆，形状细长的蔬菜一端开始，切成一定宽度的小块。切黄瓜时也可称圆片切。

对象蔬菜

黄瓜、葱、葫芦瓜、
秋葵、阳荷、蜂斗菜

斜切

细长的圆柱形蔬菜,从一端开始斜向切下。这种刀法适合纤维丰富的蔬菜。

对象蔬菜
葱、甜豌豆、西片、
阳荷、牛蒡、蜂斗菜

长片切

切成长4～5厘米、宽1厘米、厚2毫米左右的长片。

对象蔬菜
胡萝卜、白萝卜、西芹

薄片切

圆形的蔬菜就保持原状,或对半切开,再从一端开始切成薄片。

对象蔬菜
生姜、香菇、大蒜、花椰菜

削切

将刀刃面与砧板平行,斜向切入蔬菜,动作与削类似。这种刀法适合切较硬的食材。

对象蔬菜
白菜

15 骰子切

切成骰子一般，边长1厘米的正方体。先将蔬菜切成1厘米的条状，再从一端开始切成1厘米宽。

対象蔬菜

土豆、胡萝卜

17 竹叶切

边翻转蔬菜，边用刀削成竹叶般的薄片。

対象蔬菜

牛蒡、胡萝卜

16 细丝切

切成长4～5厘米的极细丝，口感比切丝更柔软。

対象蔬菜

甘蓝、胡萝卜、生姜、笋、薯蓣

18 切末

将食材切成末。不同的蔬菜，切末的顺序也不同。

対象蔬菜

洋葱、大蒜、秋葵、
鸭儿芹、毛豆、莫洛海芽

挑战花式刀法！

花式刀法乍看之下难以驾驭，一旦掌握，便可使料理华丽升级。

不妨创造机会，挑战一番吧！

1

花瓣切

切成2厘米左右的圆片，再沿着孔的形状切出花瓣形状，最后切成薄片。

2

六面削

日本新年节料理的煮物食材，常会使用这种刀法。可以利用芋头的圆形，整个削成六面圆柱体。

3

夏多布里昂切*

将胡萝卜切成弧形，再刮成橄榄球形。是制作糖渍蔬果时使用的传统花式刀法。

※ 取自法国作家的名字 "Chateaubriand"。

4

扇形切

刀竖向切入茄子或黄瓜，切成数片，但蒂的一侧不切断，再展开如扇形。一般用来在片与片之间夹馅料后烹调。

5

对称切

形状细长的蔬菜，切时将切口切出左右对称的缺口。在日本料理中，常对黄瓜使用对称切。

饮食手帐 — 蔬菜

果菜

FRUIT VEGETABLES

番茄

营养浓缩在红色中的优质蔬菜

番茄产于南美的安迪斯高地，16世纪登陆欧洲之后，在全世界得以普及。番茄全年都可在市面上买到，但其原本的时令是春至夏季。番茄的生长情况受日照时间、生长期影响，因此夏季的番茄成熟早、体积大、水分多，口味清甜。而春季和秋季的番茄因生长期长而果实个头小，但也正因如此，色、香、味都更浓郁。

经历了各种品种变迁，继追熟期持续到摆在商店那一刻的"青摘番茄"，以及果肉肥厚、酸味浅的"一至番茄"之后，又推出了甜、酸适度的全熟番茄"桃太郎"，一时间风头无两。

番茄的红色来自功能性成分（植物生化素）——番茄红素。一般而言，红色越深的番茄，番茄红素含量越高，而胡萝卜素还具有强力抗氧化作用。可以一次性大量食用的番茄，从中吸收的营养素自然也很可观。

果菜

#01

118

蔬菜数据
黄绿色蔬菜

【日本名】	【主要产地】
小金瓜、番茄、赤茄子、珊瑚树茄子	熊本县/全年
【英文名】 tomato	北海道/4月上旬—11月下旬
【科/属】 茄科/番茄属	千叶县/全年
【原产地】 南美安第斯高地	茨城县/全年
【美味期】 2月—5月	爱知县/10月—翌年4月
【主要营养成分】	
胡萝卜素、维生素B6、维生素C、钾	

预处理·烹调要点

根据不同用途剥皮

番茄的剥皮方法多达4种，想必可以满足介意口感的食客：在表面划开口子之后放入开水，浸泡片刻后剥皮；用火烘过之后剥皮；冷冻之后用流动水冲过之后剥皮；用专用剥皮器剥皮。

如果介意番茄籽过多而影响口感，或不喜过多水分，建议用汤匙去除番茄籽。横向对半切开较易于取籽，并留作他用。

要点

迅速剥皮

在番茄底部画十字切口，①放入沸水中。②表皮裂口之后，浸泡在冰水中剥去番茄皮。

要点

转动番茄烘表皮

将叉子插入番茄蒂附近位置，在火上直接烘烤番茄皮。注意不可烤焦。

保存方法

表皮仍带青色者，在常温下追熟

如番茄已熟透，可用保鲜膜包住冷藏。注意，5℃以下的环境会影响其风味。

如果表皮仍带有青色，应在常温下追熟。注意，冷藏过度会使糖度下降。

检查色泽、弹性、星形

采收时接近熟透状态的番茄，整体呈红色，外形圆润，果肉浓缩度高。

同样大小的番茄，宜选择分量较重，表皮富有弹性和光泽，番茄蒂为绿且新鲜者。表皮带有色斑或白色斑点，说明水分较充盈。

<整体>

用手指按压顶点或番茄蒂附近，未变色、未塌陷。整体形状圆润。

<放射线>

放射状的筋从底部向番茄蒂方向延伸者品质佳。

<分量>

大小相同的番茄中分量较重者，一般手感紧实，味道清甜。

饮食手帐 —— 蔬菜

#01
番茄

番 茄 家 族 成 员

家族成员 ②

水果番茄

[上市时间] 11月—翌年5月

[特性]

糖度超过8度的番茄统称水果番茄。为了增加糖度，栽培过程中尽量不给水。如此，甜味和风味浓缩于果肉中，越发醇厚。果实小而硬，有些糖度甚至超过10度，甜味堪与水果匹敌。

[食用建议]

味甜，适合生食。与橄榄油更可搭配出鲜美的风味。加热制成酱汁或果酱也十分美味。

家族成员 ①

一垒番茄

[上市时间] 冬—翌年春

[特性]

个头大，底部尖，果肉厚。胶状部分少，因此酸味浅。果肉不易碎，适合夹在三明治中食用。夏季的一垒番茄甜、酸味都浅。有些经过品种改良的一垒番茄底部为平。

[食用建议]

甜味重，口感好，易入喉，建议拌沙拉食用。

家族成员 ③

桃太郎

[上市时间] 7月—8月

[特性]

现在市面上出售的，大部分是桃太郎番茄。个头大，胶状部分较多，甜、酸味比例得宜。果皮为粉色，熟透后变红。桃太郎番茄在植株上成熟，果实紧致，因此采收后耐保存，不易变质。

[食用建议]

除拌沙拉之外，还适合榨汁或制成酱汁。胶状物亦美味，可以一同烹调食用。

家族成员 ④

优糖星

[上市时间] 7月—8月

[特性]

这是一种高糖度迷你番茄，产于和歌山县。属于利用夏季的太阳能，施以有机肥料，进行绿色栽培而成的"carol7"品种。糖度超过8度，甜味独特，食之还可尝出恰到好处的酸味。

[食用建议]

拌沙拉或稍微煎一下，便可获得美妙口感。因都是熟透的果实，榨汁饮用，风味也颇醇厚。

家族成员 ⑦

微型番茄

[上市时间] 基本全年（极少量）

[特性]

产于爱知县，是接近原种番茄的改良品种，见之容易联想到覆盆子、红加仑。其个头比迷你番茄更小，果肉大小不超过1厘米。常用作料理的配菜，也可用于制作酱汁。

[食用建议]

撒在蛋糕、酸奶上作为装饰，也常用于装点前菜或肉类料理。

家族成员 ⑤

西西里岛口红

[上市时间] 6月—11月

[特性]

在意大利西西里岛南部进行品种改良的番茄。果肉纤维部分较多，胶状物部分较少，因此含水量也小。糖度、酸味比例得宜，酸味尤重，加热后便可转化为美味。

[食用建议]

适合加热食用。加热后可产生醇厚的甜味，且颜色转为鲜红，适合做成意大利面或番茄汤。

家族成员 ⑧

绿斑番茄

[上市时间] 基本全年（极少量）

[特性]

原产于美国，外观鲜绿，伴有条纹。这是一种即使熟透仍呈绿色的番茄，个头小，每个约40克重。甜味极浅，果肉硬，因此建议香煎食用。香味强烈，采收期长。

[食用建议]

口感脆，适合腌渍或炒。还可以用于制作绿色的酱汁。

家族成员 ⑤

火箭迷你番茄

[上市时间] 全年（因产地而异）

[特性]

正式名称为"迷你番茄爱子"，因其细长、椭圆形的外观似火箭而得名"火箭迷你番茄"。味甜，果肉厚，胶状部分小，口感脆。糖度最低7度，其番茄红素含量是普通番茄的2倍，生食、加热烹调均可。

[食用建议]

果肉厚且紧实，宜生食，加热烹调亦可。

茄子

鲜艳的紫色色素
具有抑制活性氧的功效

果菜

#02

茄子可以烤、煮，或腌渍或做成田乐[1]料理，烹调方式多种多样。原产于印度，8世纪时从中国传入日本。茄子的栽培历史悠久，据说自江户时代开始，人们对茄子进行促成栽培[2]，使炎热季节培育的茄子可在寒冷季节采收食用。

茄子的含水量约占93%，基本不含维生素、矿物质，但含有降血压的钾，以及强化肝脏功能的胆碱等。青紫色表皮中所含的色素成分"茄子绀色"，是一种名为茄色色素的多酚。因其具有抗氧化作用，可以抑制人体内活性氧的活动，防止动脉硬化及衰老等。

日本以中长型的茄子为主流，其他还包括20厘米左右的长茄，以美国品种改良而成的米茄[3]，汁多、味甜的水茄，身长超过40厘米的大长茄等，各具特色的品种逾100种。

※1 田乐：先烤再配上砂糖、甜料酒，涂上味噌等调味料的料理。
※2 促成栽培：提前或缩短栽培周期的栽培方式。
※3 米茄：日语中称美国为"米国"，故此而得名。

浅色蔬菜

【日本名】茄子、茄	【主要产地】
【英文名】egg plant	高知县/10月—翌年6月
【科/属】茄科/茄属	熊本县/全年
【原产地】印度东部地区	福冈县/全年
【美味期】6月—翌年8月	群马县/3月—11月
【主要营养成分】	茨城县/6月—10月
碳水化合物、维生素B1、维生素C、钾	

预处理·烹调要点

茄肉切下后立即烹调，去除涩味不可含糊

茄肉切下后，如果不迅速烹调或浸泡在水中，就会立即变色，并产生涩味。即使一时无法烹调，也必须去除涩味。

此外，茄子皮较厚，如果不做处理，味道便很难渗透进去。为兼顾外观，可以用刀斜切，或切出格纹状的刀口。而如果茄肉切得太小，在烹调中会过量吸收油分，带来高热量。利于健康的做法是，将茄肉切成大块之后再划刀口。

要点

全部烤熟之后再剥皮

剥皮是获得良好口感的前提。无论是日式的烤茄子，还是西式的蔬菜杂烩，都建议剥皮。

要点 ❷

在水中浸泡以去除涩味

在水中浸泡，或撒盐析出水分，都是去除涩味的手法。用刀切开之后，为避免茄肉变色，应立即泡入水中。在大碗中装满水，放入茄肉浸泡，捞出后用厨房纸巾彻底擦干茄肉上的水分再使用。

保存方法

买回之后尽早使用

茄子中基本都是水分，久置使水分蒸发，很快变干。因此，每次使用都请尽量一次性用完一整根。如果是一根完整的茄子，可以用保鲜膜包住，冷藏3～4天。但也要避免温度过低。

茄蒂挺直、绒毛扎手

选购时应重点检查的部分是茄蒂。蒂新鲜、挺直、绒毛扎手，切面水嫩者品质佳。

此外，无论茄子形状为何、大小多少，只要外形圆润、丰满，且手感较重，足可认定其品质较好。应挑选茄皮呈深黑紫色，无变色，富有弹性和光泽者。顶部的花托覆盖得是否均匀，也是观察的重点之一。

<整体>

整根茄子丰满、均匀。避免选择变质，茄皮打褶或变成棕色的茄子。

<颜色>

茄蒂挺直，绒毛扎手者较新鲜。避免选择花托发蔫者。

#02
茄子

茄 子 家 族 成 员

家族成员 **2**

千两茄

[上市时间] 基本全年。时令为初夏—初秋

[特性]

极早熟品种。是目前日本市场上广泛出售的代表品种。呈卵形或长卵形，茄子绀色尤其鲜艳。个头大小适中，易于烹调，茄肉紧实，无特殊味道。因其口感好，适用烹调范围很广。

[食用建议]

腌渍、炒、炸，烤箱烤制、烧烤，无论日式、西式都不在话下。

家族成员 **1**

小茄

[上市时间] 基本全年。时令为初夏—初秋

[特性]

一般指重10～20克，小个的圆形或卵形品种。籽少，茄皮柔软，呈深紫色。肉质紧实，口感好。本地品种包括山形的"民田茄""出羽小茄"等。

[食用建议]

一般腌渍食用，著名的"辛子渍*"便是其中一种。因其个头小，最适合整个或切半入菜。

※ 辛子渍：用盐、芥末、酒等调味料腌渍蔬菜的做法。

家族成员 **3**

赤茄

[上市时间] 基本全年。时令为初夏—初秋

[特性]

熊本地区的本地品种，因茄皮带红色而得名。与深紫色的茄子不同，其外观及口感都较柔和，特点是茄肉柔软、籽较少。涩味浅，特别适合烤制食用。

[食用建议]

紫红色的茄皮颜值高，适合用于为料理配色。可以略加腌渍，烤、炒亦可。

家族成员 ❹

米茄

[上市时间]　基本全年。
时令为初夏—初秋

[特性]

由美国品种改良而得。个头大，茄蒂为绿色。其肉质紧实，口感柔软，不易煮碎，适合加热烹调。因水分容易蒸发而变得干瘪，应装入密封袋保存。

[食用建议]

非常适合用油烹调，田乐、烤、炒、煮均可。

家族成员 ❺

圆茄

[上市时间]　基本全年。
时令为初夏—初秋　◎TAKII种苗株式会社

[特性]

果实大且呈圆形，色深紫。体型大者甚至可达直径10厘米左右。京都的贺茂茄是其中的代表品种。肉质紧实，纹理细腻，非常适合用油烹调，炒、炸均可。

[食用建议]

特别适合油炸及田乐料理。西式的炒、烤箱烤制，以及浇上白酱汁做成的烤菜中，都可见到其身影。

家族成员 ❻　◎TAKII种苗株式会社

水茄

[上市时间]　基本全年。时令为初夏—初秋

[特性]

大阪、泉州岸和田的特产，代表品种有"水茄""紫水"等。与其他茄子相比，水茄的含水量非常可观，用手一拧甚至还会往下滴。除了茄子本身的风味之外，水茄的皮和肉质也很柔软、清甜。

[食用建议]

是用于腌渍的茄子中，品质最高者。略加腌渍即可，重点还是品尝其原味。

家族成员 ❼

大长茄

[上市时间]　基本全年。
时令为初夏—初秋

[特性]

九州特产，代表品种有"博多长""久留米长"等。长约40～45厘米，是日本最高级的茄子。茄皮硬、茄肉软，易入味，适合腌渍、烤、煮。

[食用建议]

最适合烤、煮、炒及田乐料理。加热后大量吸收汤汁，茄身随之变得膨大。

黄瓜

厨房里的美容剂，
水嫩是其灵魂特质

据说黄瓜原产于喜马拉雅山麓，在西亚地区栽种超过3000年。黄瓜从中国传入日本是在9世纪至10世纪后半期，而正式栽种的历史则始于江户时代。按照表面蜡粉（为保护表皮而由其自身分泌出的白色粉末）的有无，可将其分为有蜡粉黄瓜、无蜡粉黄瓜2种。目前市面上主要出售无蜡粉黄瓜。论黄瓜的栽培方法，又可分为搭架栽培、伏地栽培，视气温状况加以选择。

黄瓜中绝大部分是水分，此外还含有维生素C、胡萝卜素、钾。其中，钾具有利尿的功效，可以消除浮肿、缓解疲劳、预防高血压。美味期在5月—7月。久置之下，其风味会随着水分的蒸发而流失，食之味同嚼蜡。水嫩是黄瓜的灵魂特质，以尽早食用为宜。将黄瓜捣成泥，包在化妆棉中，可当作化妆水拍在脸上。

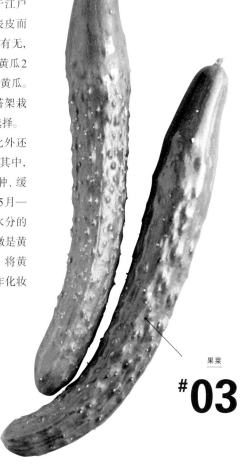

果菜

#03

126

蔬菜数据

浅色蔬菜

【日本名】 胡瓜	【主要产地】
【英文名】 cucumber	宫崎县／全年
【科/属】 葫芦科/黄瓜属	群马县/3月—5月、10月—11月
【原产地】 印度、喜马拉雅山麓	埼玉县/4月—6月、9月—11月
【美味期】 5月—7月	福岛县/7月下旬—9月
【主要营养成分】	千叶县/全年（旺季为11月—翌年5月）
维生素C、胡萝卜素、钾、食物纤维	

预处理·烹调要点

砧板撒盐搓黄瓜，改善口感及色泽

将黄瓜在撒了盐的砧板上来回搓动，如此既可去除其表面的刺，也可使其颜色更加鲜艳。

将黄瓜切片后拌沙拉或凉拌时，建议用盐腌片刻。撒少许盐，静置片刻使之脱水，再用手拧干水分。如此可免于稀释酱汁或调味料的味道，还可使口感更佳，并去除黄瓜中的生青草味。

要点 **1**

将黄瓜在撒盐的砧板上搓

将黄瓜在撒盐的砧板上来回搓，可软化口感，还方便入味，颜色也更鲜艳。①在撒盐的砧板上，来回搓动黄瓜。②迅速泡入热水中。③放入冰水，迅速冷却，使颜色更加鲜艳。

① ② ③

保存方法

擦干水，竖置于冰箱中

擦干黄瓜的水分，装入密封塑料袋，竖置于冰箱中可冷藏3～4天，但温度不可过低。取出使用时，可用盐搓或腌渍。

!

粗细均匀，瓜皮深绿

两端变软且有塌陷，外观发蔫者品质不佳。瓜皮上的尖瘤越扎手越新鲜。

选择绿色浓郁，富有光泽，两端粗细均匀者为宜。虽然有人认为笔直的黄瓜较好，但略有弯曲对其鲜度和味道并无影响。

<整体>

两端粗细均匀，颜色深绿，富有光泽、弹性者品质佳。

<尖瘤>

据说瓜皮上的尖瘤越扎手越新鲜，但有些品种表皮并无尖瘤。

<尖部>

不够新鲜的黄瓜，两端尖部会流失水分。选购时应检查两端是否有凹陷及发蔫。

饮食手帐 — 蔬菜

苦瓜

苦味中富含维生素C，可促进胃液分泌

果菜

#**04**

冲绳的苦瓜豆腐是一道闻名遐迩的料理。与熟透才美味的番茄不同，苦瓜适合在未熟透时食用。市面上出售的一般为中长型的苦瓜，并且为大量生产而经过了品种改良。苦瓜原产于东印度、东南亚，在冲绳、宫崎、鹿儿岛、群马等地也有栽培。

苦瓜的特点就是苦。苦味来自一种名为瓜苦叶素的成分，可以促进胃液分泌，增进食欲，还可以提高肝功能，降低血糖值。苦瓜中富含的维生素C，即使加热也不会遭破坏。

HOW TO CHOOSE
挑选要点

◎粗细均匀。
◎两端无发蔫。
◎绿色深浓，富有光泽及弹性。

预处理·烹调要点

去除苦味的根源——瓤和籽

①将苦瓜竖向对半切开，用刀切入瓜瓤四周，再用汤匙挖去瓤和籽。②用盐揉搓苦瓜，析出水分以去除苦味。或者迅速用开水烫一下，也可以冲淡苦味。

① ②

保存方法

用浸湿的报纸将整条苦瓜包住，在避光阴凉处可以保存2周左右。临近使用时，将瓜瓤和籽挖去，用保鲜膜包住冷藏，可以保存1周左右。

蔬菜数据

浅色蔬菜

【日本名】	蔓荔枝、苦瓜
【英文名】	bitter gourd
【科/属】	葫芦科/苦瓜属
【原产地】	热带亚洲
【美味期】	8月

【主要营养成分】

维生素C、钾、钙、锰

【主要产地】

冲绳县/3月—8月、宫崎县/全年、鹿儿岛/5月—9月、熊本县/4月—7月、群马县/7月—10月

葫芦瓜

有营养、低热量，美肤效果可期待

果菜

#05

外观与黄瓜相似，却与南瓜同属。南瓜适合熟透后食用，而葫芦瓜在开花后4～7天即可食用其幼果。因西葫芦纤维丰富，一旦成熟便不宜再食。

16世纪左右，葫芦瓜被带入欧洲。19世纪后半期在意大利经过改良，成了今天我们所看到的细长形状。葫芦瓜在日本的栽种始于20世纪80年代，有绿皮品种、黄皮品种，还有西洋梨形、球形品种等。

葫芦瓜中富含钾，具有很强的利尿作用，还可以预防高血压、消除浮肿等。

HOW TO CHOOSE
挑选要点

◎外观丰满，粗细均匀。
◎分量重。
◎瓜蒂、底部无发蔫。

预处理·烹调要点

连带瓜皮，用油烹调

①烹调前切去瓜蒂、底部，但保留瓜皮。如介意瓜皮太硬，可用刀斜向切出或切成格纹。②用油烹调更美味。

保存方法

用报纸或保鲜膜包住整条瓜冷藏，可保存4～5天。如已切开，可用保鲜膜包紧，冷藏保存。注意冷藏温度不可过低，以免破坏其口感。

蔬菜数据
浅色蔬菜

【日本名】蔓梨南瓜
【英文名】zucchini, courgettes
【科/属】葫芦科/葫芦属
【原产地】非洲南部、墨西哥
【美味期】6月—8月
【主要营养成分】
胡萝卜素、维生素C、锌、食物纤维
【主要产地】
宫崎县/10月—翌年7月、长野县/7月—10月、千叶县/全年、群马县/7月—9月、山梨县

豆瓣酱炸茄子

茄子油炸后浸入酱汁，即可成就一道简单的小菜。
豆瓣酱浓烈的辣味，刺激着盛夏低迷的食欲。

材料（2人份）

茄子……4根
番茄……50克
小葱……2根
油……适量

A
{
酱油……2大勺
纯味淋……1大勺
醋……1.5大勺
甜菜糖……1大勺
高汤……1.5大勺
豆瓣酱……1小勺
蒜末……1瓣份
生姜末……1片份
大葱末……3厘米份
}

做法

❶ 将A混合成酱汁。

❷ 将茄子竖向对半切开，在表面切花刀。

❸ 将锅中的油加热至160℃～170℃，放入茄子炸，捞起浸入❶中。

❹ 腌渍30分钟左右，装盘。撒上蒜末、姜末、葱花。

要点

在茄子表面切出3～4条花刀，有利于快速炸透，也利于酱汁入味。为了保证成品的颜值，可带着茄蒂下锅炸。茄蒂内侧营养丰富、口味也不错。

果菜

RECIPES

蔬 菜 美 味 食 谱

干咖喱葫芦瓜鹰嘴豆

同时享受葫芦瓜与鹰嘴豆迥异的口感。

咖喱的芳香，刺激味蕾的辛辣让人欲罢不能。

材料（2人份）

葫芦瓜……1根
大蒜……1瓣份
生姜……1片份
洋葱……150克
橄榄油……½大勺
煮熟的高粱……80克
鹰嘴豆
（水煮或罐头均可）……120克
A ┌ 纯米酒……3大勺
　├ 咖喱粉……2大勺
　├ 辣酱油……2大勺
　└ 甜菜糖……1小勺
自然盐……适量
胡椒……适量
3分精米或白米……2碗份

做法

❶ 将葫芦瓜切丁，与鹰嘴豆同样大小。大蒜、生姜、洋葱切末。

❷ 将橄榄油在平底锅中加热，倒入大蒜、生姜，用小火翻炒。待飘出香味时倒入洋葱翻炒。

❸ 将洋葱炒出香味之后，放入高粱、葫芦瓜，撒一撮盐及少许胡椒。

❹ 放入鹰嘴豆，迅速翻炒。

❺ 放入A并炒匀。调入盐、胡椒等。

❻ 将米饭和咖喱一同装盘。

要点

先将葫芦瓜竖向对半切开，再对半切，从一端开始切成1厘米宽的小块。与鹰嘴豆大小相同，可使加热均匀，成品美观。

甜椒

维生素C含量丰富,
营养价值出类拔萃

甜椒是辣椒的变种。在辣椒中,没有辣味的称甜椒。而个头大、肉肥厚的则称彩椒。

原产于中南美洲的辣椒,被哥伦布带到欧洲,经过改良之后才有了甜椒。一般来说,未成熟的甜椒表皮呈绿色,而熟透的甜椒则呈红色,人称红椒,富有独特的芳香和甘甜。

甜椒富含胡萝卜素、维生素C、维生素E等强效抗氧化营养素。其中,维生素C的含量是番茄的4倍左右,是抗衰老的生力军。此外,芳香成分吡嗪还可以疏通血管,预防脑梗死及心肌梗死。

红椒味甜,生青草味浅,并含有大量辣椒红,这是一种具有强抗氧化性的红色素。而维生素C的含量则是绿椒的2倍左右,胡萝卜素含量则是3倍左右。此外还有水果辣椒,甘甜如水果。

果菜

#**06**

蔬菜数据

黄绿色蔬菜

【日本名】	piment	【主要产地】	
【英文名】	sweet pepper	茨城县/全年	
【科/属】	茄科/辣椒属	宫崎县/全年	
【原产地】	热带美洲	高知县/全年	
【美味期】	6月—8月	鹿儿岛县/全年	
【主要营养成分】		岩手县/6月上旬—10月下旬	
胡萝卜素、维生素C、维生素E、钾			

预处理·烹调要点

苦味之源，彻底去除

籽和瓤带苦味，建议去除后烹调。籽用手摘去，瓤用刀刮去。

彩椒皮厚，剥去皮烹调可享柔软口感，也便于调味汁、酱汁入味。可以直接在火上将皮烤焦，或用厨房纸巾在甜椒皮上摩擦去皮。

加热可使其更甜，但加热过度又会破坏其风味，应尽量避免。

要点 ❶
用火烤以剥皮

①将甜椒置于烤网之上，用火将皮烤焦。②用厨房纸巾或浸湿的抹布摩擦甜椒以去皮。

要点 ❷
去除瓤，去除苦味

苦味来自籽和甜椒内的瓤，将其除尽便可去除苦味。甜椒对半切开，用手去籽，用刀挖去瓤。

保存方法

擦干水，装入塑料袋保存

完整的甜椒可将水分擦干，装入塑料袋中冷藏保存4～5天。变质容易蔓延，因此变质的部分应及时切除。切开的甜椒应在一两天内用完。

从蒂的断面
判断新鲜度

整体呈深绿色，富有光泽，无变质，肉肥厚，表皮有弹性，外观丰满、均匀，上部隆起者品质佳。蒂的断面水嫩，说明较为新鲜。久置之后，蒂会变为茶褐色，说明已不再新鲜，不宜购买。此外，肉质变软，表面打褶者也已不新鲜。

彩椒的挑选要点同上。

<整体>

整体圆润，表皮色深，富有光泽及弹性。无论何种形状，同等大小的甜椒，宜选择分量相对重者。

<蒂>

甜椒的新鲜度体现在蒂的部分，颜色发黑则说明新鲜度不高。选择蒂挺直、水嫩者为宜。

饮食手帐 — 蔬菜

06
甜椒

甜 椒 家 族 成 员

家族成员 **1**

彩色甜椒

[上市时间]　夏

[特性]

有绿、黄、红、橙、紫、白、黑7种颜色。绿色甜椒
熟透之后即变为红色,甜味浓,苦味淡。虽然颜
色众多,但其他颜色的甜椒,甜度都在绿色甜椒
之上,尤其是黄、红色甜椒,肉更厚、味更甜。

[食用建议]

水分充盈,生青草味浅,因此适合拌入沙拉生食。
最适合做成沙拉、腌渍、炒、天妇罗及汤菜。

家族成员 **2**

彩椒

[上市时间]　初夏—秋。进口品种为全年

[特性]

从荷兰传入日本。分为红、黄、橙、绿、紫、白、棕、黑
8种。每一颗的重量都超过100克,肉厚,味甘甜。颜
色鲜艳、丰富,味道、颜值都很出众。生食可享其甘
美,加热烹调也不会破坏维生素C。

[食用建议]

将皮在火上烤过之后,口感会变软,因此最适合做腌
泡汁。也可以切成细丝,拌沙拉食用。

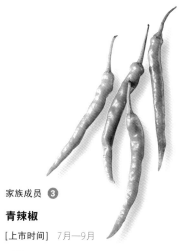

家族成员 ③

青辣椒

[上市时间] 7月—9月

[特性]

红辣椒成熟之前即呈现青色，味辣，是维生素、胡萝卜素的宝库。个头虽小，营养价值却非同一般。可用于制作香辛料，去籽之后辣味稍减。熟透的红辣椒，营养价值和辣味都更上一层。

[食用建议]

用于烹调肉类料理、意大利面等，可使风味升级。与狮子唐辛子一样，也适合炒或炸。

家族成员 ④

狮子唐辛子

[上市时间] 夏

[特性]

与甜椒一样，是甜味辣椒的代表品种。成熟之前即采收，一旦成熟便变为红色。在关西地区称为"青唐"。可以连籽食用，口感好，味道甜。与油一起烹调，可助营养吸收。

[食用建议]

可以炸天妇罗、炒杂鱼等，适合烤、煮、炸等各种烹调方式。事先在表皮上切出刀口，可防止其在锅中爆裂。

家族成员 ⑤

黑大根

[上市时间] 5月—9月

[特性]

伏见甘辛子与外来品种"加州奇迹"的杂交种，是京都特产的甜味辣椒。其个头大于伏见辣椒，籽少，味甘，风味独特，果肉柔软。

[食用建议]

直接烤之后，撒上鲣节或酱油即可满足味蕾。剖开辣椒，塞入肉糜或其他食材，下锅油炸也很美味。

家族成员 ⑥

伏见唐辛子

[上市时间] 4月—10月

[特性]

也称"伏见甘长唐辛子"，长约10～20厘米，果肉厚，味道甜。食物纤维、维生素C含量丰富。因其甘甜，大小合宜，生青草味浅，无涩味，适合各种烹调方式。

[食用建议]

可以炸天妇罗、炒杂鱼、煮菜，也可以炸过之后浸入腌泡汁中食用。最适合用作肉、鱼料理的配菜。

南瓜

富含胡萝卜素，
可祛体寒，提高免疫力

南瓜可分为日本南瓜、西洋南瓜两大类。进一步细分之下，日本南瓜可分菊座、黑皮，西洋南瓜可分黑皮栗、白皮栗，葫芦瓜之下还有金线瓜等品种。

日本南瓜于16世纪由葡萄牙商船带到九州。西洋南瓜则是在幕府末期从南美登陆日本，开始在北海道和东北地区栽培。西洋南瓜糯糯、甜甜的口感很受欢迎，至今仍占据着市场销量的9成左右。俗话说"冬至食南瓜可长生不老"，南瓜中的维生素E等营养素含量非常高，可以促进血液循环，祛除体寒。此外，胡萝卜素，钾，维生素B1、B2，铁的含量也很丰富。

果菜

#07

黄绿色蔬菜

【日本名】南瓜	【主要产地】
【英文名】pumpkin, squash	北海道/7月中旬—9月下旬
【科/属】葫芦科/南瓜属	鹿儿岛县/11月—翌年1月、5月上旬—7月下旬
【原产地】	
中美（东洋种、和种）	茨城县/5月—7月
南美（西洋种）	长崎县/6月—8月
【美味期】10月—12月	千叶县/全年
【主要营养成分】	
糖分、胡萝卜素、维生素C、维生素E	

瓜皮硬，瓜肉软，
不可过度烹调

南瓜皮虽硬，瓜肉却很柔软。加热烹调时不可过度，否则瓜肉容易煮烂，因此要注意火候和时间的把控。另外，可在坚硬的瓜皮上划若干道刀口，以加速受热。

如果买回一整个南瓜，可以根据不同的烹调方式，将其煮过定型，或煮成糜后冷冻保存。

要点 ❶

巧妙处理南瓜皮

南瓜皮太硬、太厚，会导致难以入味，烹调之前建议先处理一下。将刀从南瓜蒂周围的下凹位置切入，可省力不少。①在南瓜表面随意刮去一些表皮。②将角刮圆，以免煮烂。

要点 ❷

合理利用南瓜子和瓤

如果不介意南瓜瓤的纤维，可以加入汤中，使汤的颜色呈现鲜黄色。南瓜子晒干之后，可以在平底锅中炒制食用。

常温环境下可保存2～3个月

完整的南瓜在常温下可以保持2～3个月。在保存过程中，淀粉逐渐转化为糖分，瓜肉越来越甜。切开的南瓜，可去除瓤和籽，用保鲜膜将切面覆紧，冷藏保存。

瓜蒂干燥者较新鲜

当水分从瓜肉中蒸发，肉质变粉之时，也是南瓜最美味之时。通过观察瓜蒂，便可知晓瓜肉的状况。当瓜蒂状如一个软木塞，其周围下陷时，说明内部干燥。南瓜在采收后，通常会放置1～2个月才上市，追熟可使瓜肉更甜。

＜瓜蒂＞

瓜蒂的切面直径在23.5毫米左右，呈左右对称的膨大状态。

＜瓜肉＞

如果购买切开的南瓜，可挑选瓜肉颜色深、肉质紧实者。

＜瓜子＞

瓜子丰满，说明已熟透。

饮食手帐 —— 蔬菜

137

玉米

世界三大谷物之一，
营养价值高，用途广

玉米原产于南美北部至墨西哥一带地区，15世纪大航海时代时传入欧洲。玉米与麦子、大米并称世界三大谷物，16世纪传入日本，明治初期借着开发北海道的东风，开始了正式的栽培。

一般来说，可供食用的玉米是含有大量糖分的甜玉米。玉米营养价值很高，除糖分、蛋白质之外，还含有维生素B1、B2，维生素E，钾，锌，铁等营养素。丰富的食物纤维还起着调节肠道的作用。

在同一品种群中，还有杂糅了黄、白、紫3色，口感糯糯的杂色玉米；外观富有光泽，果肉柔软，味道甘甜的白玉米；生食专用品种小玉米笋等。

果菜

#08

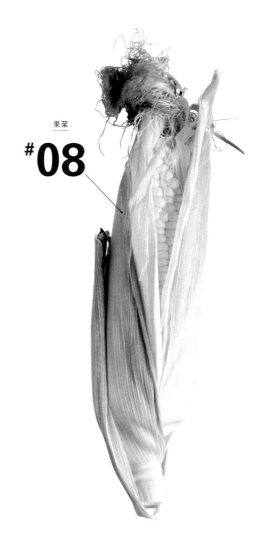

蔬菜数据

浅色蔬菜

【日本名】玉蜀黍	【主要产地】
【英文名】corn	北海道/7月中旬—10月下旬
【科/属】禾本科/玉蜀黍属	千叶县/5月—8月
【原产地】南美洲北部～墨西哥	茨城县/5月—8月
【美味期】7月—9月	山梨县/4月末—7月
【主要营养成分】	群马县/8月
糖分、蛋白质、B族维生素、锌	

预处理·烹调要点

根据个人喜好选择烹调方式

有三种方法可以烹调出美味的玉米。首先是放入水中，煮沸之后4～5分钟关火，架在笊篱上，利用锅中的余热使其熟透。

另一种方法是放在蒸笼中蒸熟。而最简单的方法则是用微波炉加热：用保鲜膜将整根玉米包裹紧实，在600瓦功率的微波炉中加热4～5分钟。采用微波炉加热的方法，一开始便用保鲜膜包裹玉米，因此可以保持原样保存。以上3种方法味道都差不多，可以根据自己的情况加以选择。

要点 **1**

趁热用保鲜膜包裹

选择自己喜欢的方式加热玉米。①放入水中，煮沸之后4～5分钟关火，架在笊篱上，利用锅中的余热使其熟透。②使用微波炉或蒸锅。③趁热用保鲜膜包住，不会起皱。

① ② ③

保存方法

购回之后立即烫煮

玉米采收之后，糖分即刻就会流失，因此建议在购回之后立即烫煮，并用保鲜膜包住冷藏。或者将玉米粒剥下，放在密封袋中冷冻。

玉米须越多，玉米粒越满

尽量选购带有玉米皮的玉米。如果玉米皮未明显发蔫，整根玉米粗细均匀，就应重点观察玉米须的量。玉米须部分是雌蕊的花柱，其数量与玉米粒的数量相等。因此，玉米须越多，玉米粒排列越紧密、越结实。而且，玉米须越黑，玉米越成熟。

<表面>
选择整根玉米粗细均匀者，玉米皮颜色较深者。

<玉米须>
观察玉米须的量。玉米须越多，玉米粒排列越紧实、越结实。

<茎>
茎的断面和玉米皮如变为黄色，说明已存放多日。

<玉米粒>
观察玉米粒。排列紧实、玉米粒丰满、有光泽者品质佳。

饮食手帐 —— 蔬菜

秋葵

独特的黏液成分，
疏通血液的利器

　　"秋葵（okra）"是原产地西非的人们为其命名的。传入日本是在幕府时代末期至明治时代，而在日本得以普及却是昭和40年代之后。秋葵开黄花，美得有如蔬菜中的尤物。

　　秋葵中含有水溶性食物纤维及蛋白质，前者是独特的黏液成分果胶，后者是黏蛋白。果胶具有降低血液中的胆固醇及血压的功效，黏蛋白可以促进蛋白质的消化。

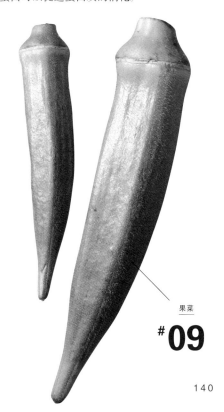

果菜

#09

HOW TO CHOOSE
挑选要点

◎绒毛茂密。
◎大小适中。
◎蒂的断面水嫩。

预处理·烹调要点

去除绒毛，
削去花萼硬的部分

①在大碗中装满水，将秋葵连同包装网袋一起放入，互相揉搓以去除绒毛。
②用刀将花萼根部较硬的部分削去。

①　　　　②

保存方法

　　用浸湿的厨房纸巾将秋葵卷起，装入塑料袋，或用保鲜膜包住冷藏。不可久放，尽量在3～4天内使用完毕。烫煮定型之后，擦干水冷冻亦可。

蔬菜数据
黄绿色蔬菜

【日本名】	美国黄蜀葵、陆莲根
【英文名】	okra
【科/属】	锦葵科/秋葵属
【原产地】	非洲东北部
【美味期】	6月—8月

【主要营养成分】
胡萝卜素、维生素C、钙、食物纤维

【主要产地】
鹿儿岛县/4月中旬—10月下旬、高知县/4月—10月、冲绳县/6月—9月、宫崎县/6月—11月

毛豆

富含优质蛋白质，
搭配啤酒最合理

与有着"田里的肉"之称的黄豆一样，毛豆富含优质蛋白质、钾、维生素B1、B2、C、食物纤维等。B族维生素的功效在于可以将糖分、脂类转化为能量，从而促进新陈代谢。

对于我们的身体来说，毛豆配啤酒其实是非常合理的搭配。这是因为，毛豆中丰富的维生素类与蛋白质中所含的氨基酸蛋氨酸可以促进酒精的分解，从而减轻肝脏的负担。

果菜

#10

预处理·烹调要点

基础预处理——水煮
即可改变风味

①用剪刀剪开豆荚一端，可便于盐入味。用盐搓豆荚表面，去除绒毛，可改善口感。利用余热将毛豆煮熟，捞出后自然冷却，根据自己的口味撒上盐。
②用于料理的毛豆，事先以薄膜撕去。

①   ②

保存方法

无论买回的毛豆是否连枝，都应立即下锅煮定型。捞起后自然冷却，装入塑料袋或密封容器，可冷藏2天左右。如需保存更长时间，建议冷冻，食用前可用微波炉解冻。

蔬菜数据
浅色蔬菜

【日本名】	大豆
【英文名】	green soybeans
【科/属】	豆科/大豆属
【原产地】	中国
【美味期】	7月—8月
【主要营养成分】	
蛋白质、维生素B、铁、叶酸	
【主要产地】	千叶县/6月—8月
山形县/7月—8月	
埼玉县/6月—7月	
新潟县/7月—8月、群马县/7月—9月	

饮食手帐 —— 蔬菜

紫花豌豆

富含维生素的黄绿色蔬菜，令美容追求者展颜的健康食品

果菜

#11

紫花豌豆的栽培历史始于古希腊时代，甚至在古埃及法老图坦卡蒙的陵墓中，都曾发掘出其遗迹。据说将紫花豌豆从中国带回日本的是遣唐使，而普及却是在明治时代之后。

今天市面上出售的豌豆，除了食用其嫩荚的荷兰豆之外，还有菜豌豆，以及食用色深、未成熟的果实的青豆等。荷兰豆具有美肤、美白效果，维生素C的含量是番茄的3倍，胡萝卜素也很丰富，在提高免疫力方面也有一定效用。此外，其中的食物纤维也很受女性的欢迎。

预处理·烹调要点

**烹调前略加巧思，
便可升级口感**

用手将两端的蒂折下，撕去筋。如果感觉太麻烦，对筋不甚介意的话，也可保留。在冷水中浸泡片刻后迅速焯水，捞出后自然冷却，或浸入冰水冷却均可。

保存方法

长时间暴露在空气中会发蔫，生豆可装入塑料袋，放入冰箱蔬菜格中冷藏。凡是豆类，都可以在买回后立即在加盐的热水中焯一下，以保其鲜度和风味。还可以迅速焯水定型之后冷冻保存。

蔬菜数据
黄绿色蔬菜

【日本名】	莢豌豆
【英文名】	field peas
【科/属】	豆科/豌豆属
【原产地】	中亚、中近东
【美味期】	2月—5月

【主要营养成分】

胡萝卜素、维生素C、维生素B1、蛋白质

【主要产地】

鹿儿岛县	（12月—翌年2月下旬）
爱知县	（10月—翌年5月）
熊本县	（11月—翌年6月）
福岛县	（5月下旬—7月上旬）

果菜

蚕豆

以豆荚守护营养和美味的
掌上蔬菜

在埃及的金字塔、特洛伊遗址曾发现过蚕豆的化石。由此可见，蚕豆是世界上最古老的农作物之一。因豆荚向上结粒而被称为"空豆"，而豆荚内部如茧一般，又被称为"蚕豆"。现在的蚕豆品种以豆荚、豆粒大的一寸蚕豆为主流。

蚕豆的主要营养成分为蛋白质和糖分，除维生素B1、B2，维生素C之外，还含有铜、钾等矿物质成分。蚕豆皮具有利尿作用，可以有效消除浮肿。

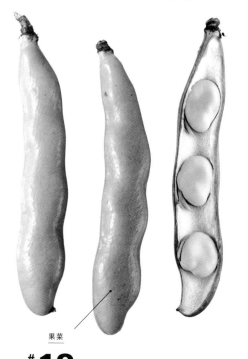

果菜

#12

HOW TO CHOOSE
挑选要点
!

◎豆荚表面覆盖着细绒毛，隆起弧度平均。
◎富有光泽，豆粒大小齐整。

预处理·烹调要点

水煮成型时应注意余热

①水煮之前用手剥开豆荚，挤出豆粒。在豆粒下方划出刀口，在放入盐和酒的开水中煮。用刀的底部将芽剥除。
②这是带着豆荚直接烧或干蒸后的状态，可以保留原风味。

① ②

保存方法

连着豆荚一起装入塑料袋，放入冰箱蔬菜格中冷藏，建议尽早食用。存放时间太长会使新鲜度降低，豆荚和豆粒都会发黑。因此，最晚应在买回之后次日进行烹调处理。水煮之后可以冷藏保存1～2天。

蔬菜数据
浅色蔬菜

【日本名】	空豆、蚕豆
【英文名】	broad bean
【科/属】	豆科/野豌豆属
【原产地】	北非～里海沿岸
【美味期】	3月—4月

【主要营养成分】

蛋白质、糖分、胡萝卜素、食物纤维

【主要产地】

鹿儿岛县（12月—翌年5月上旬）、千叶县（5月—6月）、茨城县（5月—6月）、爱媛县（4月—5月）

饮食手帐 一 蔬菜

甜椒三丝

使用营养丰富的甜椒，烹调出和食中的王牌料理。
绿、红、黄三色甜椒为美食添彩增色。

材料（2人份）

甜椒……3个
红彩椒……½个
黄彩椒……½个
芝麻油……1小勺
A 酱油……1大勺
酒……½大勺
本味淋……1大勺
鲣节碎……1小勺
白芝麻……适量

做法

❶彩椒全部摘去蒂，挖去籽，切丝。锅中倒入芝麻油，放入上述食材，用中火炒。

❷待炒出鲜艳颜色之后，倒入A翻炒。

❸盛出，撒上白芝麻。

要点

彩椒炒过之后，独特的苦味减少，更易入口。此外，用油炒还可以提高维生素A的吸收。炒至彩椒入味，颜色变得鲜艳为止即可。

果菜

RECIPES

蔬 菜 美 味 食 谱

春季蔬菜核桃沙拉

红、黄、绿色春季蔬菜拌沙拉，色彩鲜艳、营养丰富。
随心搭配蔬菜种类，利用核桃调和口感。

材料（2人份）

番茄……60克
抱子甘蓝……4个
菜豌豆……8个
芦笋……6根
油菜花……½把
核桃……20克
自然盐……适量

A {
早收洋葱*切末……30克
橄榄油……2大勺
白酒醋或苹果醋……2大勺
蜂蜜……1小勺
自然盐……½小勺
胡椒……适量
}

※ 早收洋葱：指早收并立即上市的黄洋葱和白洋葱。

做法

❶将A搅拌均匀。

❷将核桃在平底锅中炒好备用。将番茄切成适宜大小，如抱子甘蓝较大，可对半切开。菜豌豆剔去筋。芦笋与油菜花分别切成3～4厘米大小。

❸锅中烧热水，放入盐，将抱子甘蓝、菜豌豆、芦笋、油菜花放入焯水1～2分钟。

❹将❶浇在蔬菜上，静置30分钟～1个小时使之入味。静置在冰箱中亦可。

将蔬菜迅速焯水。在放盐的热水中焯水，可使蔬菜颜色更加鲜艳。此外，在盐的作用下，水的沸点提高，加速焯水，减少营养价值的流失。

饮食手帐 一 蔬菜

根菜

FRUIT VEGETABLES

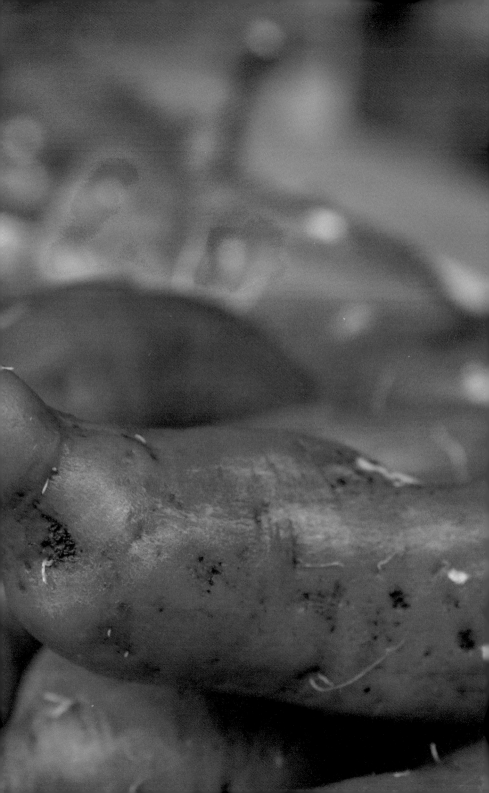

白萝卜

丰富的消化酶为虚弱的胃肠提供助力

　　关于白萝卜的原产地，有地中海沿岸、中亚等说法。自中国传入日本之后，白萝卜在日本各地广泛种植，又产生了各种各样的品种。日本对白萝卜最早的记录来自《日本书纪》(720年)，当时将其称为"大根"。同时，作为春之七草之一的"蘿蔔"而为人所熟知。

　　今天市面上出售的白萝卜有日本萝卜、欧洲萝卜、中国萝卜三种。近年来常见的是青头萝卜，白萝卜全年有售，但其原本是冬季的时令蔬菜。夏季的白萝卜辣味重，适合捣成萝卜泥，或用米糠腌渍；冬季的白萝卜甘甜多汁，适合烹煮或烫火锅。

　　自古以来，人们因白萝卜具有助消化功效而将其作为胃肠药使用。究其原因，是白萝卜中含有丰富的维生素C、淀粉酶、蛋白酶。萝卜叶属于黄绿色蔬菜，是胡萝卜素、钙、铁的宝库。

根菜

#01

148

浅色蔬菜

（白萝卜叶属于黄绿色蔬菜）

【日本名】 大根	【主要产地】
【英文名】 radish	北海道/5月上旬—11月上旬
【科/属】 十字花科/萝卜属	千叶县/除夏季外
【原产地】 地中海沿岸、中亚	青森县/5月下旬—6月下旬
【美味期】 11月—12月	7月上旬—9月下旬
【主要营养成分】	神奈川县/12月—翌年3月中旬
维生素C、钾、钙、食物纤维	宫崎县/11月—翌年3月中旬

预处理·烹调要点

从炖煮到拌沙拉、萝卜泥，
是百搭的料理食材

只需买一根白萝卜，便可尝试炖煮、拌沙拉、捣成泥等各种烹调方式。营养丰富的白萝卜叶，可以用于米糠腌渍、炒等。

白萝卜容易入味，因此是关东煮、鲥鱼炖萝卜等炖菜的人气食材。白萝卜在锅中经过长时间炖煮，美味一点一滴地向外扩散。切滚刀用作炖菜，十字切用作拌沙拉或腌渍，捣成泥用作料理的配菜。多加尝试，想必能带来不少乐趣。

**要点 **

切入的方向
决定料理的口感

下图是顺着纤维的方向切萝卜片，这种方法可以获得脆脆的口感。而切成圆片后再切丝，口感则较为柔软。

要点 2

加入淘米水煮白萝卜

直接加入大米，或加入淘米水煮白萝卜，既可去除涩味和苦味，又可增添美味。煮完后用竹签一串到底。

保存方法

保存在阴凉处

未切开的白萝卜，买回后应立即用报纸包住，竖置于阴凉避光处保存。切下萝卜叶。切下一部分使用时，为避免切面干燥，应用保鲜膜包住，竖置于冰箱中冷藏保存。

选择有弹性和光泽者

白萝卜叶中含有大量胡萝卜素和钙。直销地或市场上如有带叶的白萝卜出售，请不要错过。带叶的白萝卜，应选择叶片水嫩、鲜绿者。变成黄色或褐色的白萝卜，可能已经变质。

如果出售的白萝卜已切去叶，应选择整体有弹性、有光泽者。最好是挺直、厚实、有分量，或毛孔较少的白萝卜。

<叶>

带叶的白萝卜，宜选择叶片鲜绿、水嫩者。变成黄色的白萝卜，新鲜度较低。

<连茎的根部>

如果白萝卜叶已切除，挑选时应观察连茎的根底部。如变成褐色，说明它不再新鲜。

饮食手帐 — 蔬菜

01
白萝卜

白 萝 卜 家 族 成 员

家族成员 **1**

红芯大根

[上市时间] 10月—12月

[特性]

中国"血统"的小型萝卜。表皮绿色，芯部呈鲜艳的粉色。味甜美，水分充盈。白色的根部直径约10厘米，可以盆栽。生长期为75～85天。

[食用建议]

味甘甜，适合生食。口感生脆，适合拌沙拉或稍作腌渍后食用。

家族成员 **2**

圣护院大根

[上市时间] 10月—翌年2月

[特性]

出产于京都市左京区圣护院的传统蔬菜。据说京都是黏土质，耕地表土浅，栽种出的萝卜因此根短且呈球形，重1.5～2千克。肉质柔软、甘甜，久煮不烂。

[食用建议]

是制作炖菜的绝佳食材。入口即化的口感令人欲罢不能。做成萝卜味噌煮，更能品尝出白萝卜本身的甘甜。

家族成员 **3**

迷你大根

[上市时间] 全年

[特性]

小型萝卜，白色的根部长7～10厘米。特点是口感嫩、辣味浅，适合拌沙拉或炖煮。因其烹调简单而受到人们的欢迎，近来也经常用于制作热蘸酱。

[食用建议]

适合轻轻松松做成蔬菜棒沙拉。竖向对半切开，抹上橄榄油烤一下，也可用于肉类料理的配菜。

家族成员 **④**

三浦大根

[上市时间]　11月—12月

[特性]

三浦市特产的大型萝卜，是昭和初期通过与练马大根自然杂交而获得的品种。长50～60厘米，中部膨大、粗壮。其口感柔软、水嫩，不易煮烂，易入味。

[食用建议]

除了用来制作正月传统菜醋泡萝卜丝之外，也适合做关东煮、鰤鱼炖萝卜等炖菜，腌渍也很美味。

家族成员 **⑤**

黑大根

[上市时间]　冬季（极少）

[特性]

皮黑、芯白，属于珍稀品种。日本国内少有栽培，主要从欧洲进口，供高级餐馆使用。其味略辛辣，肉质硬，纤维粗，烹调方法与普通白萝卜相同。

[食用建议]

肉质紧实，味略辛辣。连皮刨成丝可以拌沙拉。捣成黑萝卜泥别有个性。

家族成员 **⑥**

辣味大根

[上市时间]　11月—12月

[特性]

京都特产之一。白色的根部长10～15厘米，是一种小型萝卜。口味特别辛辣，水分少。一般做法是捣成萝卜泥，用来代替荞麦的调味料。群马县出产较多。

[食用建议]

一般是捣成萝卜泥食用。切成萝卜条或切成十字形，腌在荞麦酱汁里，就成了美味的下酒菜。

家族成员 **⑦**

粉沙拉（lady salada）

[上市时间]　10月中旬月—翌年3月

[特性]

表皮嫩粉，芯却纯白，二色对比呈现微妙美感，这是大量栽培于神奈川县的三浦半岛的小型萝卜。从根底到顶部都无明显辛辣味道，口味柔和，纤维柔软。

[食用建议]

口感生脆，无明显辣味，适合拌沙拉。连皮捣成萝卜泥，是餐桌上一道粉色的柔美之光。

家族成员 **⑧**

小萝卜

[上市时间]　5月上旬—10月下旬

[特性]

日本名为"二十日大根"。顾名思义，种子播下之后20天左右即可采收。明治时期从欧洲传入日本，以红色辣根为最多。个头小，外形圆润，十分可爱。

[食用建议]

整个蘸酱料食用，切成条拌沙拉，或做成泡菜均可，还可以入汤。

芜菁

钙在菜叶中的含量，
是根的20倍左右

据说芜菁原产于地中海沿岸的南欧，以及亚洲的阿富汗地区，弥生时代传入日本。《日本书纪》（720年）中早有相关记载，说明芜菁在远古时代便已成为扎根在各地的重要农作物，被世人列入春之七草。

京都传统名品"千枚渍"选用体型特大的圣护院芜菁，制作芜菁寿司必用金泽青芜菁，这些都使芜菁作为日本著名的地方传统品种而广为人知。此外，在山形县鹤岗市，还传承着在烧田中栽培藤泽芜菁的传统。

芜菁的特性在于，根和叶中分别含有不同的营养素。芜菁根含有淀粉酶，其作用是分解淀粉，因此对饮食、饮酒过度造成的消化不良，以及胃痛、烧心等都有缓解功效。

根菜

#02

浅色蔬菜

（芜菁叶属于黄绿色蔬菜）

【日本名】 蕪	【主要产地】
【英文名】 turnip	千叶县/10月—6月
【科/属】 十字花科/芸苔属	埼玉县/10月—11月、1月—6月
【原产地】 地中海沿岸	青森县/5月下旬—9月下旬
【美味期】 11月—12月	北海道/4月中旬—11月上旬
【主要营养成分】	京都府/11月—翌年2月（根据品
B族维生素、维生素C、钾、钙	种而异）

预处理·烹调要点

无须焯水，生食亦可

芜菁浑身是宝，根、叶均可食用。几乎无涩味，无须焯水。削成薄片或切丝，拌沙拉生食，即可享受其甘美的味道。

泡醋、腌渍、炖煮都是适合芜菁的烹调方式。叶和茎也不要丢弃，可以用来腌渍或炒菜。京蔬菜之一的圣护院芜菁，用于制作京都传统名品"千枚渍"，可以说这是一种与腌渍渊源颇深的蔬菜吧。

要点 1
仔细清洗
茎与茎之间的缝隙

如果根的部分尚留少许未切除的茎，在其缝隙间可能会残留砂土，应在水中用竹签之类的工具清洗干净。

要点 ❷
芜菁叶也是美味食材

与白色的根部相比，绿叶中的钾含量更高。此外还含有铁、食物纤维等，食之也有益于身体健康。

保存方法

装入塑料袋中冷藏

根的部分在买回后应立即装入塑料袋，置于冰箱蔬菜格中冷藏。请尽量在菜叶发蔫之前使用。在放了盐的热水中焯过之后冷冻，取用起来也很方便。

选择新鲜、雪白
且带叶者

与选购萝卜一样，首选带叶的新鲜芜菁。绿叶部分水嫩、鲜艳，茎笔直、有弹性，无变质者为佳。叶发蔫，有折断，或变成黄色，说明采收已久，不再新鲜。

膨大的块根部分富有弹性，呈新鲜的白色，无褐色伤痕者品质佳。此外，选择须根少的芜菁也是要点之一。

<茎的底部>

如果采收已久，茎的底部与白色部分相接的位置会变成褐色。选择时应仔细观察，选择这一部分为白色的芜菁。

<茎与叶>

选择茎部笔直、伤痕少、无折断，叶片鲜绿、无发蔫者为宜。

02
芜菁

芜 菁 家 族 成 员

家族成员 ❷

金町小芜菁

[上市时间]　全年

[特性]

东京葛饰区金町的特产。目前正在改良品种，使之在春天也能被端上人们的餐桌。表皮白且平滑，肉质致密柔软，早春时会变得更加柔软。

[食用建议]

嫩煎或腌渍均可。和油炸豆腐一起煮，或用芝麻油煎，再浇上酱油，便是一道诱人的下酒菜。

家族成员 ❶

红芜菁

[上市时间]　冬—翌年早春

[特性]

食用部位（胚轴）直径约15厘米，属于中型芜菁。表皮整体呈鲜红色，表皮之下却是美丽的白色，肉质异常细腻，味道甘美。

[食用建议]

一般用于盐渍或醋渍。腌渍之后切成块拌入沙拉，无论口感还是外观都十分怡人。

家族成员 ❸

小芜菁

[上市时间]　11月—12月

[特性]

直径4～6厘米，是一种个头小，但特别耐寒的芜菁。当年，它经过朝鲜半岛来到东日本并扎根于此。全年都可在市面上购买，但属秋末至初冬期间的芜菁肉质致密、味美，风味浓郁。

[食用建议]

腌渍、炖菜、嫩煎均可。蒸过之后浇上橄榄油，也是一道简单而不失美味的小菜。

家族成员 ❹

黄芜菁

[上市时间]　11月—12月

[特性]

一种小型芜菁，根的部分直径约为10厘米。皮为黄色，肉为乳白色。加热之后芜菁肉变得与表皮同色。主要产于北海道，肉质致密，香味浓郁，味甘甜。

[食用建议]

肉质致密、香味浓郁、味道甜美，适合煮汤或炖菜。也可以作为意大利面或肉类料理的配菜。

家族成员 ❺

菖蒲雪

[上市时间]　初夏、初秋

[特性]

别名"沙拉芜菁"。表皮上部呈鲜紫色，越往下越白，二色形成美好的对比效果，很受人们的喜爱。特点是肉质纹理细腻、柔软。

[食用建议]

甘美如果汁，可以切成薄片拌沙拉，也适合做成泡菜或浅渍一下食用。

©社团法人京之故乡产品协会

家族成员 ❻

圣护院芜菁

[上市时间]　10月—11月

[特性]

一种大型芜菁，栽培地区以关西为中心。最大可长至4千克左右，肉质纹理细腻，味道甘甜。叶片柔软，也可食用。是"千枚渍"的食材。

[食用建议]

用于制作京渍物"千枚渍"，或京料理蒸芜菁。味道甘美，不易煮烂。

胡萝卜

疾病预防功效卓越
堪称人体健康卫士

胡萝卜原产于阿富汗北部。时至10世纪前后，基本形成了从西域传来的欧洲型胡萝卜，经由丝绸之路向东传来的亚洲型胡萝卜两大类别。传入日本的是江户时代来自中国的亚洲型，而到了江户时代后期，欧洲型又远渡重洋，登陆长崎。明治时代之后，胡萝卜在日本得以普及，欧洲型成为市面上的主流品种。亚洲型胡萝卜栽培相对困难，现在仅余关西的金时人参（京人参）一种。

今天市面上出售的胡萝卜主要有橙色、红色两种，而在原产国还有白色、黄色、紫红色、紫黑色等，近来在日本也偶有所见。

在营养方面，胡萝卜富含具有抗氧化作用的胡萝卜素，因其预防癌症、动脉硬化、心脏病等功效而备受关注。此外，维生素C、钾、钙的含量也很丰富。但存在于根部的抗坏血酸酶会分解维生素C，应尽量避免生食，或与破坏酶产生作用的含酸食物一同食用。

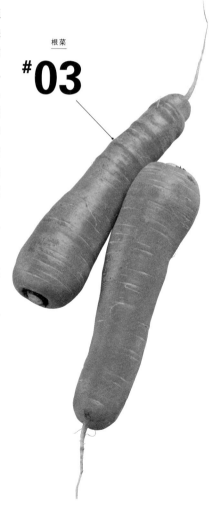

黄绿色蔬菜

【日本名】 人参	【主要产地】
【英文名】 carrot	德岛县/3月中旬—6月中旬
【科/属】 伞形科/胡萝卜属	千叶县/4月—7月
【原产地】 阿富汗北部	青森县/6月下旬—7月下旬
【美味期】 11月—翌年2月	长崎县/3月—6月
【主要营养成分】	茨城县/6月—7月
胡萝卜素、维生素C、钾、钙	

胡萝卜带叶, 是刚采收的明证

刚刚采收便上市的胡萝卜通常会带叶。而如果带土,则说明营养、风味及保存期方面均属上品。但买回后应将叶切除,以免其吸收养分。如购买不带叶的胡萝卜,应观察叶的切断面,选择与整根胡萝卜相比,该切断面较细者。如果太粗,胡萝卜中的养分可能已大部分被叶吸收。

有些品种的胡萝卜本身就比较红,选购一股的胡萝卜时,宜选择表皮深红,且富有弹性者。

预处理·烹调要点

利用酸性物质破坏酶的作用, 连皮一同食用

胡萝卜在靠近皮的部分味道较浓郁,而芯的部分则无甜味,因此建议连皮一同食用。如果不习惯,也可以薄薄削去一层皮。如果买到带叶的胡萝卜,可将叶腌渍一下,切碎炒菜食用。

胡萝卜中含有会破坏维生素C的酶,而通过加热可抑制酶的作用。

要点 ❶

有效摄取维生素C

生胡萝卜中含有能破坏维生素C的酶,将胡萝卜与富含维生素C的西兰花或萝卜一同烹调时也应注意这一点。①将食材切丝。②混合、搅拌。③加入柠檬汁或含醋的酱汁,让其中的酸性物质抑制酶的作用。

① ② ③

保存方法

如胡萝卜带叶, 应切除后保存

带叶的胡萝卜品质较好,但保存时应先将叶切除。带土的胡萝卜,应用报纸卷起,保存在通风处。不带土的胡萝卜不耐湿气,应擦干水,装入塑料袋冷藏。

<茎的切断面>

切除叶后剩余的切断面与整根胡萝卜的粗细、大小相比,如果前者较小,说明芯细,且肉质柔软。

<表皮>

表皮呈自然的红色,无色斑者为佳。有不少商家在出售之前会将胡萝卜洗净、削皮,而在自家处理则建议不要削皮。

炸白萝卜菠菜

白萝卜炸过之后，变得又酥又亮。

口感无法形容、不可思议。有了柚子醋酱油的加持，更是锦上添花。

材料（2人份）

白萝卜……200克
菠菜……¼把
Ａ｜低筋面粉……50克
　｜水……100毫升
炸油……适量
白萝卜泥……适量
柚子醋酱油……适量

做法

❶将白萝卜切成1厘米的小块，撒上盐揉搓片刻。待水分析出之后，将水拧干。

❷在锅中热水里放盐，将菠菜焯水，用笊篱捞起，切成1～2厘米的菠菜段，拧干水分。

❸将A搅拌均匀，将❶和❷放入混合、搅拌。

❹将锅中油温加热至160℃～170℃，将❸以适合入口的大小放入锅中，慢慢炸至金黄色。

❺盖上萝卜泥，浇上适量柚子醋酱油即可。

要点

白萝卜用盐揉搓片刻。将切成小块的白萝卜放入碗中，撒少许盐并揉搓。事先去除其中的水分，既可以加速炸熟，后续又不会因静置而析出更多水分。炸得酥脆之后口感更佳。

根菜

RECIPES

蔬 菜 美 味 食 谱

胡萝卜浓汤

一款质朴而温润的浓汤，保留了胡萝卜的食材质感，

小火慢炒，充分入味是关键。

材料（2人份）

胡萝卜……80克
洋葱……50克
橄榄油……1小勺
麦片……1大勺
高汤……150毫升
纯豆乳……220毫升
自然盐……¼～1小勺
胡椒……适量
麦味噌*……½小勺
香芹……适量

※ 麦味噌：用麦麹制成的味噌。

做法

① 将胡萝卜切丝，洋葱切成弧形薄片。

② 将橄榄油倒入锅中，放入洋葱，当炒至其柔软并散发出香味时，放入胡萝卜丝，继续翻炒。

③ 倒入麦片、高汤，改中火，待汤汁煮沸之后改小火，盖上锅盖煮15分钟左右。

④ 将③用食物料理机搅拌成泥后倒回锅中，倒入豆乳，小火加热片刻，放入¼小勺盐调味，如觉不够可加量。

⑤ 撒上胡椒，关火，倒入麦味噌并搅拌，使之充分融化。

⑥ 装盘，撒上香芹。

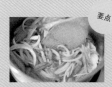

要点

用小火炒洋葱、胡萝卜。小火翻炒洋葱，可慢慢炒出其中的甜味，令风味更佳。胡萝卜富含 β－胡萝卜素，用油烹调可提高维生素A的吸收。

饮食手帐 — 蔬菜

土豆

防止色斑，消除便秘
呵护女性健康的美容蔬菜

土豆原产于南美的安第斯山脉，栽培历史可追溯至公元前，是当时先住民的主食，日本安土桃山时期从爪哇的巽他加拉巴（今印度尼西亚，日语称"ジャカタラ"）传入长崎，土豆（ジャガイモ）的词源便来自于此。当时用于欣赏或用作饲料，味道寡淡，不适合作为日本料理的食材，并未引起人们的注意。

现在市面上的土豆，包括5月—6月上市的新土豆，以及冬季采收的土豆。其他季节出售的，则是低温保存和储藏的土豆。

在营养方面，土豆被称为"田里的苹果"，可见其维生素C含量之丰富。而土豆中大量的淀粉可以保护维生素C免受破坏，因此即使加热烹调也无妨。此外，维生素B1还可以促进代谢，提高免疫力，以及阻断黑色素的生成。

根菜

#04

蔬菜数据
芋类

【日本名】 马铃薯	【主要产地】
【英文名】 potato	北海道/7月下旬—9月下旬
【科/属】 茄科/茄属	长崎县/4月—6月11月—12月
【原产地】 南美	鹿儿岛县/1月下旬—6月、12月—翌年1月
【美味期】 10月—翌年2月	茨城县/6月—7月
【主要营养成分】	千叶县/6月—7月
糖分（淀粉）、维生素B1、维生素C、烟酸	

仔细观察土豆芽周围

品种决定了土豆的大小和形状，但选择外形丰满、弧度圆润，无褶皱者较为保险。

一般来讲，土豆是便于储藏的蔬菜，但如果放置时间太长，芽的周围会变绿，并逐渐向四周扩散，这种情况应尽量避免。此外，如果发现土豆发蔫、伤痕多，也可能是保存不当。也有些品种和产地的土豆不易储藏，购买时应仔细了解。

预处理·烹调要点

土豆芽应深挖去除

虽然都是土豆，但不同的烹调方式和品种却可使之变得丰富多彩。比如，喜欢粉粉的口感，可以选择"男爵"或"印加的觉醒"。而喜欢软糯口感的，"北灯"是不错的选择。关键是根据品种来使用。

此外，用冷水煮还是用开水煮，剥皮之后煮还是带着皮煮，口感都不一样。还是要根据料理的需要来选择。

要点 ❶

将芽深挖去除

土豆芽中含有毒成分茄碱，应去除。用菜刀的一角从芽的周围向卜深挖，将芽去除干净。

要点 ❷

加热烹调要点

①装一锅冷水，将带皮的土豆放入煮至沸腾，如此可以锁住美味，使其口感松软。②如果要做粉吹芋，应切块后入锅煮。

<形状>

外观弧度均匀者为佳。无论哪一品种，分量相对较重的土豆淀粉含量较高，口感松软。

保存方法

保存在避光阴凉处

从塑料袋中取出，置于报纸之上，保存在通风处。土豆不耐光照，应尽量避光保存。此外，与苹果一起保存不易发芽。

<表面>

建议选择表面平滑，曲线柔和者。虽然可以深挖去除土豆芽，但如果芽的周围已经发绿，建议不要购买。

番薯

从料理到酿酒
都能用的万能蔬菜

公元前3000年以前，中美洲便开始栽培番薯，15世纪末哥伦布将其带到西班牙。1600年前后，番薯从菲律宾、中国福建出发，经琉球登陆鹿儿岛，成为萨摩的特产。

因番薯易于栽培，政府鼓励广泛种植，将其作为应对饥荒的对策。明治时代，仅鹿儿岛一地便有数十种番薯。现在番薯品种不断改良，市面上受欢迎的品种包括味道甘美的红皮红东番薯，以及鸣门金时番薯。除此之外，还有不少品种的番薯用来制作烧酒和点心，或用来充当饲料。

说到番薯的营养，不得不提的还是食物纤维。与其他芋类蔬菜相比，番薯的食物纤维含量可谓名列前茅，维生素C也很丰富。因此，在促进大肠运动，抑制胆固醇激素上升方面具有很强的效力。番薯皮中还含有大量钙。经过储藏的番薯，甜度比刚挖出时更高。

根菜
#05

162

芋类

【日本名】甘薯、琉球芋、唐芋	【主要产地】
【英文名】sweet potato	鹿儿岛县/5月中旬—11月下旬
【科/属】旋花科/番薯属	超早堀：5月中旬—7月上旬、早堀：7月中旬—8月下旬、普通堀：9月上旬—11月下旬
【原产地】中美	
【美味期】11月—翌年2月	茨城县/9月—11月
【主要营养成分】	千叶县/8月下旬—10月下旬
糖分（淀粉）、维生素C、钾、食物纤维、黄芯的番薯含胡萝卜素	宫崎县/5月—10月下旬
	德岛县/6月—9月

预处理·烹调要点

将皮剥得厚一些再使用
以获得高级口感

　　带皮烹调也未尝不可，但如果只需番薯芯入菜的话，要将皮剥至其内侧分布着黑筋的部分。不同的品种，黑筋所在的部分也不同，一般在番薯皮内侧往芯剥几毫米的位置。

　　番薯的涩味较强，如果用量大的话，切下后可立即泡入水中以防变色。

要点 ❶

激发出番薯甘甜的方法

要想将番薯煮得更甜，诀窍是以低温慢慢加热，使番薯中的淀粉充分转化为糖分。如果使用炉灶可用小火，使用微波炉则选择低温加热。

要点 ❷

将厚厚的番薯皮剥下
做成小点心

番薯皮可以炸成小点心食用。①厚厚剥下番薯皮，直到内侧分布黑筋的位置为止。②入油锅炸，捞起后撒上砂糖。

保存方法

保存在通风良好处

　　完整的番薯可常温保存在通风良好处。番薯不耐寒，不可冷藏保存。保存时间尽量不超过2周，尽早使用为宜。

通过表皮和切面鉴别

　　番薯表皮的颜色及其美观度，是判断其品质优劣的重要标准。表面颜色均匀、无色斑者更美味。尽量选择毛孔不甚明显、表面无伤痕的番薯。整体大小均匀，有助迅速传热，便于烹调。

　　其次，观察番薯两端的切面。番薯通常从切面开始变质，选购时应注意查看。此外，如果甜汁浮出切面，说明甜度较高。

<表面>

宜选择表面颜色鲜艳，须根的孔较浅者。还应检查有无变质及暗斑。

<切面>

切面的环形轮廓上有褶皱，看起来很不清爽的一般都已变质。切面有甜汁浮出并已凝结者较甜。

莲藕

肝、脏、胃的守护神
健康的护卫者

奈良时代初期，莲藕作为一种观赏植物从中国传入日本。以食用为目的的栽培始于明治时代。现在日本有本地品种和中国品种，本地品种"身形"纤细，茎深埋于土中，采收不易，因此目前仅东海地区仍有留存。来自中国的备中、杵岛是今天市面上出售的主要品种。

莲藕的主要成分是淀粉和糖分，在体内转化为能量，温暖我们的身体。一般来说，维生素C遇热会遭破坏，但莲藕中含有大量淀粉，可免维生素C因加热烹调而受损，食之可缓解疲劳。

莲藕中所含的维生素B12有助铁的吸收，维生素B6有助造血，因此可以预防贫血，并有助于肝功能。切开莲藕可见藕丝，与纳豆、秋葵、芋头一样来自黏蛋白，一种保护胃壁，促进消化的物质。

此外，莲藕因中间有内孔而被赋予"预见未来"的特殊意义，因此是一种吉利的蔬菜。

根菜

#06

蔬菜数据

浅色蔬菜

【日本名】莲根	【主要产地】
【英文名】lotus root	茨城县/全年
【科/属】睡莲科/莲属	德岛县/全年
【原产地】中国	爱知县/10月—翌年5月
【美味期】11月—翌年2月	山口县/8月下旬—12月
【主要营养成分】	佐贺县/8月—翌年2月
维生素C、钾、铜、食物纤维	

预处理·烹调要点

用醋水去除涩味
以加热烹调改变口感

莲藕有很强的涩味，如需拌沙拉，可切下后立即泡入醋水，使之免于变色。如果立即加热烹调，则不必去除涩味。浸泡过醋水的莲藕口感更脆，而如果偏爱黏糯的口感，可越过浸泡醋水的环节，直接进行烹调。

莲藕中大量的淀粉，加热之后会分泌出黏液，将其捣成泥可以捏丸子，或拌进土豆淀粉炒。

要点 **1**

浸泡醋水以防变色

莲藕的切面会在鞣酸的作用下变色，但并不影响品质和口味。切片之后立即浸泡在醋水中，既可防止变色，又可使口感更生脆。

要点 **2**

自然风干之后素炸

①将莲藕切成厚1.5毫米的薄片并自然风干，如此可蒸掉多余水分，味道更佳。②在锅中将油加热至中温，将①下锅炸，盛盘后撒上盐，便成为一道非常美味的下酒小菜或零食。

①   ②

保存方法

用保鲜膜包住，保存在低于10℃的环境中

将莲藕在一个个藕节处切下，在水中浸泡片刻之后擦干，用保鲜膜裹住，再包进浸湿的报纸中冷藏保存。刀切面一定要用保鲜膜覆住。

注意黑斑

市面上有不少水煮莲藕或莲藕冷冻食品，但若论美味，还属生莲藕。

莲藕在运输的过程中容易产生黑斑，那便是变质的起点，因此选购时应着重观察有无黑斑和变质。整条莲藕略带黄色、粗壮、笔直者品质佳。如果呈现不自然的白色，可能是经过了漂白处理。

＜表面＞

如果表面呈现不自然的白色，可能是经过了漂白处理，因此不建议选购。

＜节＞

为连续根茎间的节，味甘湿，性平。

＜内孔＞

选择切面呈现自然的亮白色，内孔大小均匀者为宜。

饮食手帐 —— 蔬菜

薯蓣

拥有独特的上乘口感
赋予人体健康的蔬菜

根菜

#07

在日本，薯蓣是长芋、大和芋（又名捏芋、银杏芋等）、自然薯等的总称。薯蓣家族营养丰富，在中国还被作为一味中药使用，是一种健康食品。它所具有的独特的黏稠成分名为黏蛋白，是一种水溶性食物纤维，具有保护胃黏膜的功效，对胃溃疡也有一定作用。淀粉酶还可以消化淀粉，减轻胃部负担。

在薯蓣中，采收和运输量最大的是来自中国的长芋。长芋呈长条形，肉质柔软，口感生脆。

HOW TO CHOOSE
挑选要点
❶

◎表面美观。
◎粗细均匀。
◎壮实、富有弹性。

预处理·烹调要点

浸泡醋水以去除黏液

薯蓣削去外皮时产生的黏液，可能会使皮肤过敏，建议将其浸泡醋水后加以烹调。浸泡醋水的另一作用是去除黏液，同时还可以在加热过程中产生松软口感。

保存方法

薯蓣不耐光照和水汽，也容易变质，因此建议尽早使用。完整的薯蓣保存1周，切下的薯蓣则保存1～2天。将切面用保鲜膜包住冷藏，如果再包一层报纸更佳。

蔬菜数据
芋类

【日本名】山芋

【英文名】yam（总称）

【科/属】薯蓣属

【原产地】
中国（山芋）、日本（自然薯）、热带亚洲（大薯）

【美味期】10月—12月

【主要营养成分】
糖分、蛋白质、B族维生素、钾

【主要产地】
青森县/11月中旬—12月下旬、3月下旬—5月中旬

芋头

低热量、高钾
寓意吉祥的人气蔬菜

与在山里采收的山芋相对，"里芋*"是人们在村里采收的蔬菜，我们称之为芋头。芋头原产于印尼半岛，在日本的栽培历史也很悠久。人们认为芋头是一种吉利的食物，因此经常可以在庆典宴席上看到芋头的身影。芋头的生叶柄称为"随喜"，晒干后称为芋茎，二者均可食用。

削去芋头皮，会有黏液流出，这是水溶性食物纤维半乳聚糖和黏蛋白。其作用是预防高血压，保护黏膜，以及改善肠道功能。

※里芋：日语"里"有"村庄"之意。里芋即芋头。

预处理·烹调要点

削芋头皮有诀窍

芋头有黏液，纤维丰富，如未掌握削皮的诀窍，可能会有一定难度。①将头、尾各切除5毫米左右。②从头向尾削皮，处理得较干净。

保存方法

最重要的是避免太湿和太干。用浸湿的报纸包住，避光保存在阴凉及通风良好处，不可放入冰箱保存。削皮的芋头，应逐个用保鲜膜包住，尽早使用。

根菜

#08

蔬菜数据
芋类

【日本名】	里芋
【英文名】	taro
【科/属】	天南星科/芋属
【原产地】	印度东部～印尼半岛
【美味期】	10月—翌年2月

【主要营养成分】

糖分、B族维生素、钾、食物纤维

【主要产地】

千叶县/8月—12月

宫崎县/5月—6月下旬

牛蒡

仅为日本食用的蔬菜

根菜

#09

牛蒡的足迹遍及地中海沿岸、西亚、西伯利亚以及中国。牛蒡从中国传入日本的记载，在平安时代的书籍中可以找到。

牛蒡富含食物纤维，自古以来便被用作解毒、解热、止咳药物使用。在日本，牛蒡为人熟知的是其独特的风味和口感，以及去除鱼、肉腥味的作用。品种上可分长根和短根两种，前者包括泷野川、渡边早生、中宫、砂川，后者则包括大浦、萩等。

在营养层面，碳水化合物菊粉以及纤维素、木质素含量丰富，在通便、调理肠道、预防癌症方面都有一定功效。同时还可以促进肠内有益菌繁殖，阻止有害菌繁殖。

预处理·烹调要点

用擀面杖捶打以破坏纤维

用擀面杖在牛蒡上捶打，可以破坏纤维，利于入味。用胡椒凉拌或炖煮时，捶打过的牛蒡可以充分吸味，做出的料理味道更佳。新采收的嫩牛蒡肉质柔软，味道也不错。

保存方法

将带土的牛蒡用浸湿的报纸包住，竖置于阴凉避光处保存。如果牛蒡太长，可以切成适宜的长度，将土覆在切面上，再用保鲜膜裹紧冷藏保存。建议尽早使用。

蔬菜数据

浅色蔬菜

【日本名】	牛蒡
【英文名】	edible burdock
【科/属】	菊科/牛蒡属
【原产地】	欧亚大陆北部
【美味期】	11月—翌年2月

【主要营养成分】

碳水化合物、B族维生素、钾、食物纤维

【主要产地】

青森县/8月下旬—12月中旬、茨城县/12月—翌年3月、北海道/8月中旬—11月下旬

生姜

独特的辣味和香气使之成为料理不可或缺的调味料

　　生姜是一种芳香蔬菜，据说3世纪之前便已从中国传入日本。我们食用的是生姜肥大的地下茎部分，其香辛辣味具有很高的药效。

　　生姜独特的辣味来自姜辣素、姜烯酚。前者可以促进血液循环，刺激身体发汗，是体寒的克星，也可以提高代谢。后者有很高的抗氧化功效，据说可以抗癌。香味来源于姜烯、香茅醛，起着除臭和解毒的作用。

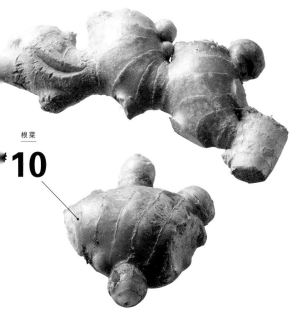

根菜

10

预处理·烹调要点

将生姜带皮擦丝

生姜的风味都在于外皮中，因此建议带皮碾碎使用。生姜的纤维很多，使用方形的擦丝器，操作起来较轻松。

保存方法

　　用保鲜膜或报纸包住，在阴凉避光处一般可保存10天～2周。虽然切口会发蔫，但用刀薄薄切除一层后仍可使用。擦丝、切末后还可以冷冻。请尽量在香、味丧失之前尽早使用。

蔬菜数据

浅色蔬菜

【日本名】	生姜
【英文名】	ginger
【科/属】	姜科/姜属
【原产地】	热带亚洲
【美味期】	新采收的生姜/6月前后
【主要营养成分】	
钾、钙、镁、食物纤维	
【主要产地】	高知县/10月—11月
熊本县/6月—8月、10月下旬—11月	
和歌山县/6月—10月上旬、6月—8月（大棚）、静冈县/3月—7月	
千叶县/全年	

番薯糯米粟饭

加入微甜的糯米粟，用微波炉即可轻松制作。

圆溜溜的番薯，热乎乎的口感，赋予人身体极佳的安慰。

材料（2人份）

番薯……100克
糯米……1合（180克）
干香菇……1片
糯米粟……½大勺
Ⓐ 酒……1小勺
酱油……1小勺
本味淋……1小勺

做法

❶将糯米粟洗净，在水中泡一晚。

❷将干香菇在200毫升水中泡发。留着泡发的水待用。

❸将番薯洗净，切成1厘米左右的圆片，撒上少许盐（另备）。

❹去除香菇蒂、切丝。用茶隔将糯米粟洗净，沥干水分。

❺在耐热碗中放入沥干了水分的糯米粟，倒入Ⓐ以及泡发香菇的水150毫升，迅速搅拌均匀。将❸、❹盖在其上，覆上保鲜膜，送入微波炉加热3分钟。

❻打开保鲜膜，将碗中的食材略加搅拌，再次蒙上保鲜膜，继续加热6分钟。接下来保持原样蒸5分钟。

将番薯切成圆片，撒上盐，轻轻搅拌，使盐渗入番薯中。如此可使番薯更加甘甜，也可使成品的口感更佳。

根菜

RECIPES

蔬 菜 美 味 食 谱

莲藕菌菇烤菜

蔬菜与白酱汁、芝士完美结合，
大量食用各类菌菇，尽情享受秋日美味。

材料（2人份）

杏鲍菇……1根
蘑菇……4个
玉蕈……½包
舞茸……½包
莲藕……150克
橄榄油……1大勺
洋葱……100克
低筋面粉……4大勺
纯豆乳……2杯
自然盐……适量
胡椒……适量
融化的芝士……适量

做法

① 将杏鲍菇、蘑菇切丝。将玉蕈、舞茸散开。

② 将莲藕切成宽约5毫米的圆片。在平底锅中铺½大勺橄榄油，放入莲藕片，将两面煎得恰到好处。先盛出，再将①中的蘑菇倒入锅中炒，加入少许盐、胡椒，盛出。

③ 将剩余的½大勺橄榄油倒入平底锅，用小火炒洋葱末，待散发出香味后，加入低筋面粉，继续翻炒。

④ 倒入豆乳，待微微沸腾之后，加入盐、胡椒，倒入莲藕和蘑菇翻炒。

⑤ 将④二等分，装入烤盘，覆上融化的芝士，送入小烤箱烤至表面金黄。

要点

莲藕的良好口感是其受食客欢迎的原因。精心烤制之后，不仅口感更佳，还能调出莲藕中的甘甜，为成品的味道锦上添花。烤制时应注意火候，不可烤焦。将莲藕反复翻面，烤至表面金黄为止。

将植物的力量注入我们的日常生活

香草&菌类图鉴

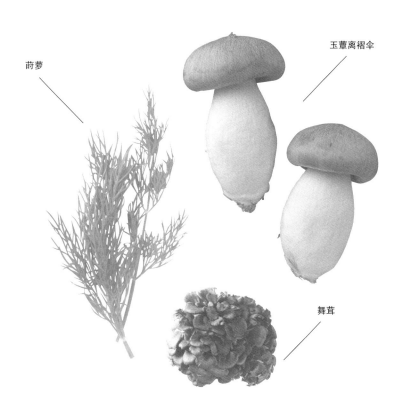

莳萝

玉蕈离褶伞

舞茸

4 香草&菌类图鉴

与蔬菜一样经常被端上人们餐桌的菌类，还有既可为料理增香，还可以当作茶饮的香草。这两种植物与蔬菜一起成为我们日常生活的力量源。本章将分别对它们的品种及使用方法加以归纳和介绍。

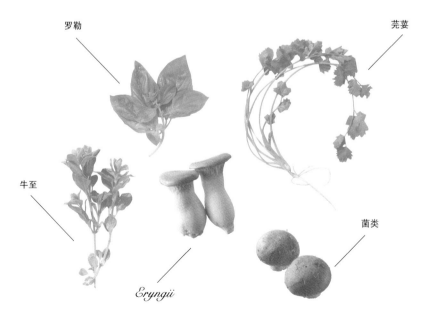

罗勒

芫荽

牛至

菌类

Eryngii

SPECIES
of
HERBS for COOKING

推荐入菜的香草

在平常的食谱中加入香草，即可使风味更加丰富，味道更加诱人。
让我们根据不同的食材和用途加以善用吧。

Oregano
牛至
—
香味浓烈，多用于料理制作

分类	唇形科/多年生草本植物
别名	奥勒冈草
原产地	地中海沿岸
使用部位	叶·茎

▶ **特性**

与马郁兰同科同属，野性味道浓烈，自古以来被人们用作食用香草。生命力及繁殖能力强，入夏便开满小花。

▶ **使用方法**

牛至叶散发辛辣的芳香，辣味刺激而浓烈，最适合为料理增添风味或除臭，与番茄、肉、蛋、芝士料理最为相配。当作茶饮可起到滋补，以及促进消化的作用。

▶ **栽培要点**

采用春季条播。适宜在日照充足，环境干燥，土壤肥沃的地方栽种，不可过度灌溉。

Chervil
细叶芹
—
香气、风味细腻

分类	伞形科/一年生草本植物
别名	车窝草
原产地	欧洲东南部一亚洲西部
使用部位	叶·花·茎

▶ **特性**

法语中称之为"cerfeuil"，有"美食家的香草"之美誉，使用范围广。叶片纤细，呈美丽的绿色。可生长至30～60厘米，入夏便开满白色小花。

▶ **使用方法**

有着与香芹类似的香气，风味柔和，适合各种烹调方式。生叶片纤细，一般切碎后加入料理，或在装盘时撒在料理上作为装饰。具有助消化的功效。

▶ **栽培要点**

避免阳光直射，置于日照半天的阴凉处即可。春、秋直播，宜勤浇水。

使用香草注意事项

采收时需要把控的重点是，叶必须在临近开花前，花色最美时摘取。新鲜是香草的灵魂，一定要在临近使用时摘取。如果使用带泥的香草，或市面上出售的香草，必须先洗净后彻底沥干水分。有些香草对肾脏虚弱的人士及孕妇不太友好，这类人群在使用前务请加以确认。

图标释义

🍴	料理
☕	饮料
💊	医疗
✂	手工艺品
🏠	香氛

Coriander

芫荽

民族特色料理必备的香草

🍴 ☕ 💊 ✂ 🏠

分类	伞形科/一年生草本植物
别名	香荽、香菜
原产地	地中海沿岸
使用部位	叶·茎·籽·根

▶ **特性**

芫荽作为一种香草，是烹调民族风味料理时不可或缺的重要食材。一到初夏，就开满白色的小花。芫荽具有独特而强烈的香气，除了提振食欲之外，对消化系统的各种不适症状都有一定功效。

▶ **使用方法**

芫荽叶散发强烈的香气，适合用来为肉、鱼料理去腥，或用作蔬菜以及沙拉的装饰。芫荽籽气味香甜，常放在泡菜、腌菜或炖菜中增添风味。

▶ **栽培要点**

春季及初秋时采用直播栽培，要求日照充足、土壤肥沃、排水良好。如果土壤太湿，会造成烂根，应尽量避免。

Dill

莳萝

最宜为鱼类料理增添风味

🍴 ☕ 💊 ✂ 🏠

分类	伞形科/多年生草本植物
别名	土茴香
原产地	欧洲南部—亚洲西南
使用部位	叶·花·茎·籽

▶ **特性**

叶子细碎如线，鲜绿色外观，散发清爽的芬芳。可以分枝生长至60～100厘米。春季至初夏时节，便会开满黄色的小花。

▶ **使用方法**

莳萝叶与鱼肉、土豆搭配效果非常好，也可以用作配菜以增添料理的风味。莳萝籽具有刺激的辛辣味，通过泡醋或腌渍都能成为点睛之笔。

▶ **栽培要点**

春、秋季都可直播，但秋季直播培育的植株体积更大。莳萝为直根系，因此植株较高，一般选择深耕。

Basil
罗勒
—
意大利料理的必备食材，香味浓烈

分类	唇形科/一年生草本植物
别名	九层塔
原产地	热带亚洲
使用部位	叶·茎·籽

▶ **特性**

易于栽培，生长迅速，所有品种均可食用。罗勒叶、茎都很柔软，浓郁的香气可助提振食欲。

▶ **使用方法**

可以生食，常作为披萨和意大利面的配菜。罗勒叶受热会变黑，因此务请在临上桌前将其撒在热菜上。罗勒具有杀菌、解热、强健身体的功效。

▶ **栽培要点**

耐热不耐寒，因此适宜栽种在温暖、保湿、肥沃的土壤中。春季至夏季可撒播在平底盆中。

Parsley
香芹
—
料理配菜中的名配角

分类	伞形科/一年生草本植物
别名	荷兰芹
原产地	地中海沿岸
使用部位	叶·茎

▶ **特性**

香芹通常作为料理中的配菜。根据叶片的形状又可分卷叶香芹、平叶香芹。

▶ **使用方法**

可以生食，也可以作为料理中的配菜。本身具有独特的香气，凉拌和炒都可以做成美味的料理。

▶ **栽培要点**

适宜栽种在日照充足、湿润的环境中。春季至夏季采用点播。勤浇水以防水分不足，造成风味丧失。

Marjoram
马郁兰
—
与肉类料理是黄金搭档

分类	唇形科/多年生草本植物
别名	甜马郁兰
原产地	地中海东部沿岸
使用部位	叶·花·茎

▶ **特性**

与牛至同科同属，也称甜马郁兰。初夏时节便会从圆形花苞中升出白色小花。芳香柔和细腻。

▶ **使用方法**

采收的叶和茎全部都可入菜。香味中庸，与任何料理都可以搭配，尤其适合为肉类料理去腥，或做成汤菜。

▶ **栽培要点**

适宜栽种在日照充足、通风良好且略干燥的环境中，春、秋季采用苗床播种，不可过度浇水。

Garden Nasturtium

旱金莲
—
花色鲜艳惹人爱

分类	旱金莲科
	一年生草本植物
别名	金莲花
原产地	哥伦比亚、秘鲁、
	玻利维亚
使用部位	叶·花·茎·果

▶ **特性**

花开呈红色、淡红色、黄色、橘色等，色彩鲜艳，惹人喜爱。植株高者可生长20～60厘米。

▶ **使用方法**

花、叶、果均可食用，味道辛辣、刺激。叶与花可拌沙拉或做三明治，籽可参与腌渍泡菜。

▶ **栽培要点**

适宜栽种在日照充足的环境中。春季采用直播，发芽之前不间断浇水，不耐寒，盛夏不可受阳光直射。

Fennel

茴香
—
叶片纤细，最宜添香

分类	伞形科/二年生～
	多年生草本植物
别名	小怀香
原产地	欧洲南部—西亚
使用部位	叶·花·籽

▶ **特性**

叶细、色翠绿，植株尖部分枝生长，高可至近2米。芳香甜美、独特。

▶ **使用方法**

利用其甜美的芳香，可为料理提味，尤其适宜与鱼类同煮。常用于烤制鱼、肉。

▶ **栽培要点**

易发芽，适宜栽种在光照充足、排水良好的环境中。不耐干燥，需注意灌溉。

Laurel

月桂
—
为料理锦上添花的重要食材

分类	樟科/常绿灌木
别名	月桂树、月桂叶
原产地	地中海沿岸地区
使用部位	叶

▶ **特性**

四季常绿，随时可采收，培育相对简单。新鲜月桂的浓郁香味微带苦，晒干的月桂气味甜香、柔和。

▶ **使用方法**

无论新鲜还是晒干的月桂，都是为料理添香的佳品。使用含有月桂成分的沐浴用品洗澡，可助缓解疲劳，月桂放在米缸中还可除虫。

▶ **栽培要点**

春、秋季植苗，在气候温暖的地区可生长至10米以上。月桂属半耐寒性植物，不适合在寒冷的环境中地面种植。

饮食手帐 — 蔬菜

适宜在饮料中添加的香草

香草茶颜色通透，芳香馥郁，是放松身心的佳品。
根据不同的功效组合搭配，更能获得意外的乐趣。

Chamomile
洋甘菊
—
在甘甜柔美的芬芳中身心放松

分类	菊科
别名	加密列（日本名）
原产地	欧洲—亚洲
使用部位	叶・花・茎

▶ **特性**

身姿曼妙，甜香似苹果，是一种备受推崇的香草。以一年生的德国品种为代表，主要以洋甘菊花入茶。而多年生的罗马品种的花、叶和茎都有芳香。

▶ **使用方法**

柔和的芳香似甜美的青苹果，很容易与味蕾产生共鸣，多用于饮料、甜点、香包制作。具有镇静、放松身心的作用，还可助眠。

▶ **栽培要点**

籽细小，采用春、秋季撒播方式，栽培简单。不耐高温、干燥。

Geraniuma
香叶天竺葵
—
富于变化的芳香

分类	牻牛儿苗科/
	多年生草本植物
别名	天竺葵
原产地	南美
使用部位	叶・花・茎

▶ **特性**

香叶天竺葵有多种气味，包括玫瑰、柠檬、椰子、苹果、肉桂。盆栽或在自家庭院中种植均易存活，因此而广受欢迎。

▶ **使用方法**

香叶天竺葵多用于为蛋糕、果冻等甜品增香，以及添加风味，花则可装饰饮料。其他品种亦可制作香包或沐浴露。

▶ **栽培要点**

草籽不易得，因此一般采用扦插栽培。栽培相对简单，但因其不耐寒，建议在秋末栽入花盆。

香草保存要点

如需使用鲜香草，可以装入塑料袋，密封在冰箱中冷藏数日。如需使用干香草，应避免强光和太阳直射，在通风良好的环境中风干，以免香味和颜色丧失。有些香草（如薄荷）不宜风干使用，可以冷冻保存以保持颜色和风味。

Sage

鼠尾草

—

治愈身心的万能香草

分类	唇形科
别名	药用来路花
原产地	地中海沿岸
使用部位	叶·花·茎

▶ **特性**

据说具有促进消化，强化肝脏功能，镇静安神等功效，是以浓郁的芬芳治愈身心的万能香草。以小花鼠尾草为代表，颜色、形态各异的品种多种多样。

▶ **使用方法**

芳香浓郁，略带苦味，最宜为肉类或其他高脂肪料理添加风味。具有健体功效，入茶饮用可恢复疲劳。其杀菌功效还可抑制口臭。

▶ **栽培要点**

适宜在日照充足、通风良好、排水条件佳的环境中栽培。春、秋时节采用点播，栽培条件不高。

Thyme

百里香

—

食用、药用范围广，日常生活之至宝

分类	唇形科/常绿灌木
别名	立麝香草
原产地	地中海沿岸
使用部位	叶·花·茎

▶ **特性**

叶片纤细、略厚，生长繁茂。入春便盛开粉色或白色小花。除普通百里香，还有柑橘味的柠檬百里香等。

▶ **使用方法**

百里香特有清爽的芳香，既可放入料理，又可制成香包，应用范围相当广泛。具有杀菌、防腐、健体功效。泡在水中饮用，可助治疗感冒及止咳。

▶ **栽培要点**

耐暑及干燥，但不耐潮热，因此宜保存在通风良好的环境中。春、秋季采用育苗箱播种，不可过度浇水。

绿薄荷
薄荷中最流行的品种，具有甘甜、清凉、醇和的风味。最适宜泡茶饮用。

苹果薄荷
具有苹果与绿薄荷的复合芳香，味甘甜。适宜放入鱼、肉料理或制作酱汁。

胡椒薄荷
叶深绿，散发浓郁而清爽的薄荷醇芳香。适宜制成香包。

Mint

薄荷
—

以带有清凉感的芳香怡人

🍴 ▣ 🧴 ❋ 🏠

分类	唇形科/多年生草本植物
别名	野薄荷
原产地	欧洲
使用部位	叶·花·茎

▶ **特性**

清凉之感似能穿透鼻腔。怡人的芳香来自其特有的薄荷醇。薄荷品种多达30种。

▶ **使用方法**

生薄荷叶可用于泡茶，对改善胃功能失调，缓解初期感冒症状均有功效。适宜为料理增添风味，也可用于制作香包或沐浴露。

▶ **栽培要点**

薄荷籽生命力顽强，繁殖力强劲。播种栽培的成株香味不均，因此建议移苗栽培。

Lemon Grass

柠檬草
—

柠檬般的清爽

🍴 ▣ 🧴 ❋ 🏠

分类	禾本科/多年生草本植物
别名	柠檬香茅
原产地	印度
使用部位	叶

▶ **特性**

叶片细长，有镇痛、去味、除虫的功效。

▶ **使用方法**

常作为咖喱等民族风料理的香辛料，为肉类去腥。也可用来泡香草茶饮用。

▶ **栽培要点**

耐暑，不耐寒，一般在秋末栽入花盆。籽不易得，因此建议移苗栽培。

Rosemary
迷迭香
—
清香四溢

分类	唇形科/常绿灌木
别名	万年朗
原产地	地中海沿岸
使用部位	叶・花・茎

▶ **特性**

散发清凉芳香,草叶如松叶般细长,颇有特点。花小、色淡,自秋至春不时开花。

▶ **使用方法**

叶、茎最宜放入肉、鱼料理中为其增添风味及去腥。叶具有抗氧化作用,可助保存食材。也可制成化妆水或沐浴露。

▶ **栽培要点**

适宜栽种在日照充足、通风良好的环境中。不耐冬季的寒风,应尽量避免。原种采用育苗箱播种,植株之间应拉开一定距离。

Lemon Balm
香蜂叶
—
柑橘芳香提振精神

分类	唇形科/多年生草植物
别名	西洋山薄荷
原产地	欧洲南部
使用部位	叶・花・茎

▶ **特性**

明亮的绿色卵形草叶,高50～80厘米。芳香似柠檬,具有促消化、发汗、镇静效果。

▶ **使用方法**

用于为鱼、肉料理添加风味,还可以入茶,制成果冻或蜜饯等甜点。干风干会使风味受损,因此建议使用新鲜叶。

▶ **栽培要点**

草籽极细,置于厚纸片上进行条播。香蜂叶喜欢微湿的土壤,勤浇水为宜。

Wild Strawberry
野草莓
—
增添料理风味的至宝

分类	蔷薇科/多年生草植物
别名	木草莓
原产地	欧洲、西亚、北美
使用部位	叶・花・茎・果

▶ **特性**

春、秋季开白色小花,果实比草莓小一圈,富含维生素C、矿物质,对贫血有一定功效。

▶ **使用方法**

果实可榨汁饮用,还可制成果酱,或做成馅饼、利口酒等。用草叶泡水喝,有利尿、健体的作用。

▶ **栽培要点**

春、秋季采用育苗箱栽培,边疏苗边培育。不耐干燥、高温,应适当浇水。

经典的菌类家族

在菌类中，可供食用的多达数百种。
本节将对常见品种的特性及使用方法加以详解。

香菇
Shitake

日本名	椎茸
学名	L.edodes
科/属	光茸菌科、香菇属
原产地	中国、日本
主要营养素	B族维生素、烟酸、钾、钙

概要

香菇是日本的代表性菌类，晒干后散发香味。鲜香菇经烹调后味美、口感佳。干香菇香味浓郁，可用于熬制高汤。

烹调要点

肉质厚，口感佳，烹调应用范围广。还可以熬制高汤，制作酱汁等。鲜香菇晒干之后风味更佳。

金针菇
Enokidake

日本名	榎茸
学名	F.velutipes
科/属	口蘑科、金线菌属
原产地	分布在全世界
主要营养素	钾、维生素D、叶酸、食物纤维

如何鉴别菌类的质量

宜选择菌盖颜色鲜艳，富有光泽者。如果菌盖已完全展开，口感会很老。挑选时尽量避免沾着水滴的菌菇。金针菇、玉蕈等成束生长的菌类，宜选择菌柄密集者。菌柄挺直，菌盖与菌柄颜色不同的菌类，宜选择颜色对比分明者。

概要

口感生脆，是冬天的代表性蔬菜，即便在积雪之下也可发芽生长。是烫火锅的明星食材，与汤菜类及其他和风料理可以完美搭配。现在的产量在菌类中排名第一。

烹调要点

适合烫火锅、炒、凉拌等。迅速烫煮可享用其生脆口感，慢煮则可使之分泌出黏液，既可品尝甘美味道，又可享受黏液的特殊口感。金针菇无特殊味道，不影响其他食材。

怎样挑选优质蘑菇

菇形圆整，菌盖肥厚，菌杆短粗，表面不黏滑，没有霉斑的蘑菇为上品。

滑子菇

Nameko

日本名	滑子
学名	P.microspora
科/属	丝膜菌科、鳞伞属
原产地	日本、中国台湾
主要营养素	钾、钙、叶酸、食物纤维

概要

滑子菇菌盖黏滑，是喜欢黏稠口感的日本人的心头好。这种黏滑成分来自黏蛋白，一种促进消化吸收的营养素。主要采用木屑栽培。

烹调要点

适合做味噌汤、烫火锅，迅速汆烫之后，与白萝卜泥一起做成凉拌菜。烹调时间太长会丧失黏稠口感及美味，应尽量避免。

低温型滑子菇

与普通滑子菇相比，栽培温度更低，脆嫩的菌柄部分更长且粗，黏液少，易入喉。

舞茸

Maitake

日本名	舞茸
学名	G.fromdosa
科/属	花菌属
原产地	北半球温带以北
主要营养素	钾、B族维生素、维生素D、磷

白舞茸

色白，入汤煮时汤汁清澈，适用于浅色料理的制作，是意大利料理、法国料理中的常客。

概要

舞茸是一种有特点的食材，具有独特的香味与口感，传说在深山中找到它的人会兴奋得手舞足蹈而得名。古代人只能找到野生舞茸，而今随着栽培技术的进步，在市场上已越来越多见。

烹调要点

味、香、口感俱佳，无论西餐、中餐、日餐都可使用，与味噌、酱油搭配尤其协调。因其富含水溶性营养素，建议做成炖菜食用。

榆黄蘑
Tamogitake

日本名	榆茸
学名	P.connucopiae var. citrinopileatus
科/属	侧耳科侧耳属
原产地	日本、中国东北部、俄罗斯远东地区

概要

与平菇同科同属，外表呈美丽的鲜黄色，味道浓郁，是制作高汤的重要食材。芳香似栗子花，加热后香味变甜。口味清爽，无特殊味道，煮过富有弹性。

烹调要点

加热烹调后，黄色褪去。适合烫火锅、煮米饭，或用来做蛋包饭、烤菜、炖煮等西式料理。还可以刷上味噌烤制。

斑玉蕈
Buna Shimeji

日本名	橅占地
学名	H.marmoreus
科/属	白蘑科、玉蕈属
原产地	北半球温带
主要营养素	钾、B族维生素、维生素D、磷

概要

一年四季都可见到的菌类，咀嚼感良好，味道醇厚，适合做成各种料理。在日本曾以"本占地"的商品名上市，现已统一成"橅占地"。

烹调要点

加热烹调不影响其口感，适合烫火锅，或炒或煮皆宜，也适合油炸或腌泡。新鲜度高者甚至无须多加烹调即可食用。

白玉菇

一种白色的斑玉蕈，由HOKUTO株式会社研发。与普通斑玉蕈相比，其口感更弹牙，涩味轻，入喉易。

VARIATION

平菇
Hiratake

日本名	平茸
学名	P.ostreatus
科/属	侧耳科侧耳属
原产地	分布在世界各地
主要营养素	钾、B族维生素、烟酸、叶酸

概要

形似摊平的手掌，味道略似牡蛎，因此欧美人将其命名为"Oyster Mushroom"。柔软、水分足，咀嚼感佳，味道鲜美。

烹调要点

烫火锅、煮汤、炖菜、炒均可。但因其含水量大，在油炸时，应选择略干的平菇。煎至香脆也很美味。

玉蕈离褶伞

Hon Shimeji

日本名	本占地
学名	L.shimeji
科/属	口蘑科离褶伞属
原产地	日本

概要

正如"论香味当属松茸，论味道当属占地"所形容的，这是一种美味非凡的菌类。与斑玉蕈分属不同品种，味道、香味都不拘一格。因其肚大如皷，颇似日本的大黑天财神，人们视之为吉利之物，是高级日式餐厅中的重要食材。

烹调要点

用黄油炒，或用烤架烤都很美味，越是高级食材，越推荐简单烹调。烫火锅、煮汤、煮米饭味道也颇鲜美。但加热时间过长会有损风味。

桃红平菇

Tokiiro Hiratake

日本名	鸨色平茸
学名	P.djamor
科/属	侧耳科侧耳属
原产地	日本

概要

新鲜平菇的菌盖和褶皱部分都呈现浅粉色，似要翩翩起舞的姿态十分优美。表面颜色接近朱鹭（日语称"鸨"）的羽毛，故而得名。加热之后会带上灰色。

烹调要点

口感扎实，适宜拌沙拉、炖煮、炒或用作意大利面的配菜。刷上蛋黄酱也可烤出美味料理。

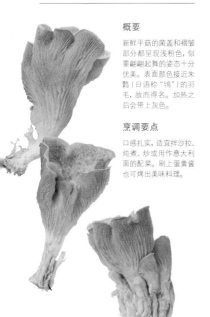

荷叶离褶伞

Hatake Shimeji

日本名	畑占地
学名	L.decastes
科/属	口蘑科离褶伞属
原产地	北半球温带

概要

这是一种从埋在地下的木材中发芽的菌类。日本全国都能找到野生品种，田地、公园、道旁都有生长，具有口感生脆的特点。

烹调要点

长时间烹煮也不影响其生脆口感，适合炖煮或烫火锅，也可做天妇罗或嫩煎。

185

蘑菇（人工栽培）

Mushroom

日本名	作茸
学名	A.bisporus
科/属	蘑菇科蘑菇属
原产地	分布在世界各地
主要营养素	钾、磷、铜、硒

概要

世界上栽培最广的菌类。在欧洲，只要说到菌类，一般都指蘑菇，无论生食还是加热烹调都很美味。可分白色、褐色品种，后者还能散发芳香。

烹调要点

可食用，这在菌类中实属罕见。新鲜蘑菇迅速洗净、切丝，拌沙拉或生吃均可。切面会立即变色，可滴几滴柠檬以防变色。

大蘑菇

熟透的大蘑菇，比普通蘑菇大10倍，上市时的商品名为"portabella"（褐鳞蘑菇）等。其肉质肥厚，菌盖、菌柄都较柔软。

木耳

Kikurage

日本名	木耳
学名	A.auricula
科/属	木耳科木耳属
原产地	日本、中国、北美、墨西哥、欧洲
主要营养素	锰、维生素D、钙、硒

概要

菌盖如层层花瓣样的雨伞。濡湿之后会变成果冻状，颜色接近褐色，而干燥之后则会收缩、变硬、变黑。咀嚼感较硬，经常出现在中国料理中。

烹调要点

加热烹调并不会改变其口感，因此经常用于中国料理的炖菜、汤菜及腌泡菜中。鲜木耳可用热水浸泡后，蘸着芥末酱油直接食用。凉拌、拌沙拉、炒也是不错的选择。

杏鲍菇

Eryngii

日本名	エリンギ
学名	P.dryngii
科/属	侧耳科侧耳属
原产地	地中海沿岸至中亚
主要营养素	钾、叶酸、B族维生素、烟酸

概要

野生在欧洲地中海沿岸地区，与平菇同科同属。芳香味浅，但肉质细腻，口感扎实，富有弹性。

烹调要点

因其口感富有弹性，常被用于制作意大利面、烤菜等西餐。加热烹调也不易影响其口感，也适合炖煮或做汤。如果看重咀嚼感，不妨选择杏鲍菇。

SPECIES
of
RARE MUSHROOMS

珍稀菌类

在菌类中，有一部分栽培不易，也不常为人们食用。
近年来人们也陆续开始栽培这些品种，食客们不妨一试。

鸡腿菇
Sasakure Hitoyotake

日本名	细裂一夜茸
学名	C.comatus
科/属	蘑菇科鸡腿菇属
原产地	分布在全世界

概要

生长在村庄之中，但时间一长就会发黑，甚至发生液化，因此日本人称其"一夜茸"。应尽量在未变色时使用。

烹调要点

适合煮汤或烤菜，也适合用于咖喱、炖菜等煮菜类。

猴头菇
Yamabushi Take

日本名	山伏茸
学名	H.erinaceum
科/属	齿菌科猴头菇属
原产地	日本、中国、欧洲、北美

概要

这种菌类长得像一撮面条，日本将其命名为"山伏茸"，据说是因为其酷似日本修验道行者（山伏）袈裟前胸的梵天神。味淡、色白，无特殊味道，但有的品种略带苦味。

烹调要点

快煮之后，用醋凉拌，可享受其清淡的味道与口感。也适合烫火锅或油炒。

茶树菇
Yanagi Matsutake

日本名	柳松茸
学名	A.cylindracea
科/属	粪锈伞科田头菇属
原产地	分布在全世界

概要

幼菇阶段散发松茸般的芳香，因此日本人为其名称后缀"松茸"。无特殊味道，口感生脆。

烹调要点

与肉质肥厚，醇香浓郁的菌类一同烹调，口感更佳。本身无明显芳香，但咀嚼感良好。

白灵菇
Yukirei Take

日本名	バイリング
学名	P.eryngii var.touliensis
科/属	侧耳科侧耳属
原产地	中国、日本

概要

自中国野生的高级菌菇栽培而来，咀嚼感如鲍鱼。也称"鲍鱼菇""白灵芝菇"等。

烹调要点

加热烹调可赋予其弹牙口感，因此嫩煎、油炸，烫火锅皆宜。

饮食手帐 —— 蔬菜

野生菌类

新鲜的野生菌类带着来自森林的芬芳, 味道格外鲜美。

有些季节在道之驿*便可采得。采摘野生菌类必须与深谙菌类知识之人同往。

※ 道之驿: 设置在一般公路旁, 供人休憩等的道路设施, 类似高速公路服务区。

牛肝菌
Amitake

日本名	網茸
学名	S.bovinus
科/属	牛肝菌科牛肝菌属
原产地	欧亚大陆、澳洲

概要

表面有黏液。最大的特点在于其颜色, 鲜菌呈黄色, 加热后则变为紫红色。

香肉齿菌
Kotake

日本名	香茸
学名	S.aspratus
科/属	齿菌科肉齿菌属
原产地	日本

概要

香气浓郁, 因此日本人将其命名为"香茸"。肉质肥厚, 有弹牙之感, 但生食会引起中毒, 煮透后方可食用。

美味牛肝菌
Yamadori Take

日本名	山鸟茸
学名	B.edulis
科/属	牛肝菌科牛肝菌属
原产地	北半球

概要

生长在针叶林中, 菌体大, 肉质肥厚, 是一种高级菌类。在欧洲人气特别高, 意大利语称"porcino"。

鸡油菌
Anzu Take

日本名	杏茸
学名	C.cibarius
科/属	鸡油菌科鸡油菌属
原产地	分布在全世界

概要

黄色喇叭形菌类, 外形颇为可爱, 散发淡淡杏香, 是一种人气很高的菌类, 法国人称其"girolle"。

橙盖鹅膏菌
Tamago Take

日本名	卵茸
学名	A.hemibopha
科/属	鹅膏菌科鹅膏菌属
原产地	欧洲南部、北非

概要
幼菇为卵形，后渐平展，直至红色菌盖完全打开。外形、颜色美丽，不耐保存，采摘之后建议尽早食用。

砖红韧伞
Kuritake

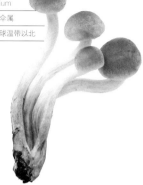

日本名	栗茸
学名	H.sublateritium
科/属	球盖菇科韧伞属
原产地	主要在北半球温带以北

概要
簇生于阔叶林的枯木上，外观呈栗色，外形美丽，可爱。有独特香味，不可生食。

松茸
Matsutake

日本名	松茸
学名	T.matsutake
科/属	口蘑科口蘑属
原产地	日本、朝鲜半岛、中国、北欧

概要
香味浓郁，无论以何种方式食用都十分美味。人工栽培困难，因此市面上仅出售野生松茸。菌盖未充分打开者香味特别浓烈。

白黑拟牛肝多孔菌
Kurokawa

日本名	黑皮
学名	B.leucomelaena
科/属	多孔菌科黑皮属
原产地	日本、欧洲、北美

概要
表面质感如皮质，味苦。鲜美味道特别浓郁，食之令人欲罢不能。

长刺白齿耳菌
Bunahari Take

日本名	樔针茸
学名	M.aitchisonil
科/属	齿菌科樔针茸属
原产地	日本、印度北部（克什米尔）

概要
松茸家族的一员，具有浓郁香味，对初食者而言，味道恐过于刺激。因其属簇生形态，只要靠近便很容易发现其踪影。

蔬菜美味期日历

蔬菜名	3月	4月	5月	6月	7月
番茄 ◀ P118					
甘蓝 ◀ P066					
紫花豌豆 ◀ P142					
鸭儿芹 ◀ P086					
西芹 ◀ P085					
蚕豆 ◀ P143					
油菜花 ◀ P104					
蜂斗菜 ◀ P105					
笋 ◀ P103					
芦笋 ◀ P080					
茄子 ◀ P122					
生菜 ◀ P070					
甜椒 ◀ P132					
黄瓜 ◀ P126					
葫芦瓜 ◀ P129					
秋葵 ◀ P140					
莫洛海芽 ◀ P102					
生姜 ◀ P169					
阳荷 ◀ P098					
毛豆 ◀ P141					
玉米 ◀ P138					
苦瓜 ◀ P128					
土豆 ◀ P160					
南瓜 ◀ P136					
薯蓣 ◀ P166					
芋头 ◀ P167					
大蒜 ◀ P096					
芝麻菜 ◀ P101					
胡萝卜 ◀ P156					
番薯 ◀ P162					
莲藕 ◀ P164					
牛蒡 ◀ P168					
白萝卜 ◀ P148					
芜菁 ◀ P152					
葱 ◀ P090					
西兰花 ◀ P106					
花椰菜 ◀ P107					
白菜 ◀ P074					
塌棵菜 ◀ P084					
小松菜 ◀ P082					
水菜 ◀ P083					
洋葱 ◀ P094					
菠菜 ◀ P078					
水芹 ◀ P087					
韭菜 ◀ P100					

※ 蔬菜的美味期以关东地区周边为标准，由《蔬菜品鉴资格店Ef；用贺店》推荐。

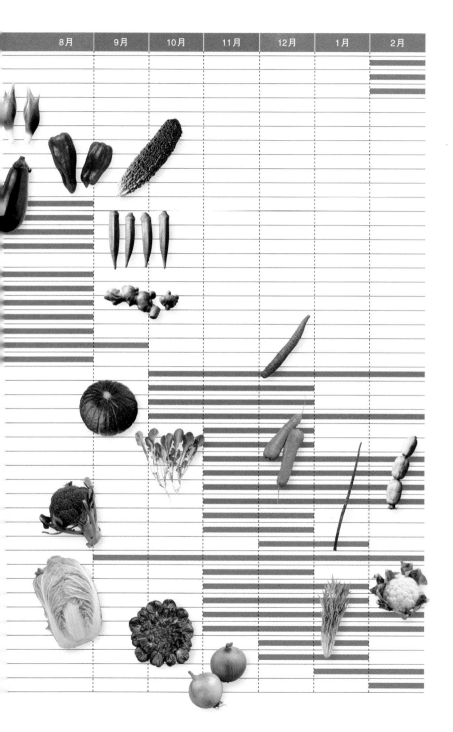

饮食手帐 —— 蔬菜

图书在版编目(CIP)数据

蔬菜 / 日本EI出版社编辑部编著；方宓译. -- 武汉：华中科技大学出版社，2021.12
（饮食手帐）
ISBN 978-7-5680-7617-3

Ⅰ.①蔬… Ⅱ.①日… ②方… Ⅲ.①本册 Ⅳ.①TS951.5

中国版本图书馆CIP数据核字（2021）第214951号

YASAI YASAI NO CHISHIKI TO OISHII TABEKATA
© EI Publishing Co.,Ltd. 2016
Originally published in Japan in 2016 by EI Publishing Co.,Ltd.
Chinese (Simplified Character only) translation rights arranged with
EI Publishing Co.,Ltd.through TOHAN CORPORATION, TOKYO

本作品简体中文版由日本EI出版社授权华中科技大学出版社有限责任公司在中华人民共和国境内（但不含香港特别行政区、澳门特别行政区和台湾地区）出版、发行。

湖北省版权局著作权合同登记　图字：17-2021-176号

蔬菜
Shucai

[日] EI出版社编辑部 编著
方宓　译

出版发行：华中科技大学出版社（中国·武汉）　　　　电话：(027) 81321913
　　　　　华中科技大学出版社有限责任公司艺术分公司　(010) 67326910-6023
出 版 人：阮海洪

责任编辑：莽 昱 康 晨
责任监印：赵 月 郑红红　　　　　　　封面设计：邱 宏

制　　作：北京博逸文化传播有限公司
印　　刷：北京金彩印刷有限公司
开　　本：889mm×1270mm　1/32
印　　张：6
字　　数：85千字
版　　次：2021年12月第1版第1次印刷
定　　价：79.80元